中华人民共和国住房和城乡建设部

建筑安装工程工期定额

TY01-89-2016

中国计划出版社

2016年 北京

图书在版编目（ＣＩＰ）数据

建筑安装工程工期定额 : TY01-89-2016 / 住房和城乡建设部标准定额研究所主编. -- 北京 : 中国计划出版社，2016.10（2023.3 重印）
ISBN 978-7-5182-0492-2

Ⅰ. ①建… Ⅱ. ①住… Ⅲ. ①建筑安装－建筑工期定额 Ⅳ. ①TU723.34

中国版本图书馆CIP数据核字(2016)第209675号

建筑安装工程工期定额

TY01-89-2016

住房和城乡建设部标准定额研究所　主编

中国计划出版社出版发行

网址：www. jhpress. com

地址：北京市西城区木樨地北里甲 11 号国宏大厦 C 座 3 层

邮政编码：100038　电话：(010) 63906433（发行部）

北京市科星印刷有限责任公司印刷

880mm×1230mm　1/16　8 印张　252 千字

2016 年 10 月第 1 版　2023 年 3 月第 8 次印刷

印数 30001 — 33000 册

ISBN 978-7-5182-0492-2

定价：48.00 元

住房城乡建设部关于印发
《建筑安装工程工期定额》的通知

建标〔2016〕161号

各省、自治区住房城乡建设厅，直辖市建委，国务院有关部门：

　　为满足科学合理确定建筑安装工程工期的需要，我部组织修编了《建筑安装工程工期定额》，现印发给你们，自2016年10月1日起执行。执行中遇到的问题和有关建议请及时反馈我部标准定额司。

　　我部2000年发布的《全国统一建筑安装工程工期定额》同时废止。

　　本定额及规则由我部标准定额研究所组织中国计划出版社出版发行。

中华人民共和国住房和城乡建设部

2016年7月26日

总　说　明

一、《建筑安装工程工期定额》（以下简称"本定额"）是在《全国统一建筑安装工程工期定额》（2000 年）基础上，依据国家现行产品标准、设计规范、施工及验收规范、质量评定标准和技术、安全操作规程，按照正常施工条件、常用施工方法、合理劳动组织及平均施工技术装备程度和管理水平，并结合当前常见结构及规模建筑安装工程的施工情况编制的。

二、本定额适用于新建和扩建的建筑安装工程。

三、本定额是国有资金投资工程在可行性研究、初步设计、招标阶段确定工期的依据，非国有资金投资工程参照执行；是签订建筑安装工程施工合同的基础。

四、本定额工期，是指自开工之日起，到完成各章、节所包含的全部工程内容并达到国家验收标准之日止的日历天数（包括法定节假日）；不包括三通一平、打试验桩、地下障碍物处理、基础施工前的降水和基坑支护时间、竣工文件编制所需的时间。

五、本定额包括民用建筑工程、工业及其他建筑工程、构筑物工程、专业工程四部分。

六、我国各地气候条件差别较大，以下省、市和自治区按其省会（首府）气候条件为基准划分为Ⅰ、Ⅱ、Ⅲ类地区，工期天数分别列项。

Ⅰ类地区：上海、江苏、浙江、安徽、福建、江西、湖北、湖南、广东、广西、四川、贵州、云南、重庆、海南。

Ⅱ类地区：北京、天津、河北、山西、山东、河南、陕西、甘肃、宁夏。

Ⅲ类地区：内蒙、辽宁、吉林、黑龙江、西藏、青海、新疆。

设备安装和机械施工工程执行本定额时不分地区类别。

七、本定额综合考虑了冬雨季施工、一般气候影响、常规地质条件和节假日等因素。

八、本定额已综合考虑预拌混凝土和现场搅拌混凝土、预拌砂浆和现场搅拌砂浆的施工因素。

九、框架－剪力墙结构工期按照剪力墙结构工期计算。

十、本定额的工期是按照合格产品标准编制的。

工期压缩时，宜组织专家论证，且相应增加压缩工期增加费。

十一、本定额施工工期的调整：

（一）施工过程中，遇不可抗力、极端天气或政府政策性影响施工进度或暂停施工的，按照实际延误的工期顺延。

（二）施工过程中发现实际地质情况与地质勘查报告出入较大的，应按照实际地质情况调整工期。

（三）施工过程中遇到障碍物或古墓、文物、化石、流砂、溶洞、暗河、淤泥、石方、地下水等需要进行特殊处理且影响关键线路时，工期相应顺延。

（四）合同履行过程中，因非承包人原因发生重大设计变更的，应调整工期。

（五）其他非承包人原因造成的工期延误应予以顺延。

十二、同期施工的群体工程中，一个承包人同时承包 2 个以上（含 2 个）单项（位）工程时，工期的计算：以一个最大工期的单项（位）工程为基数，另加其他单项（位）工程工期总和乘以相应系数计算：加 1 个乘以系数 0.35；加 2 个乘以系数 0.2；加 3 个乘以系数 0.15，加 4 个及以上的单项（位）工程不另增加工期。

加 1 个单项（位）工程：$T=T_1+T_2 \times 0.35$

加 2 个单项（位）工程：$T=T_1+(T_2+T_3) \times 0.2$

加 3 个及以上单项（位）工程：$T=T_1+(T_2+T_3+T_4)\times0.15$

其中：T 为工程总工期；T_1、T_2、T_3、T_4 为所有单项（位）工程工期最大的前四个，且 $T_1\geqslant T_2\geqslant T_3\geqslant T_4$。

十三、本定额建筑面积按照国家标准《建筑工程建筑面积计算规范》GB/T 50353—2013 计算；层数以建筑自然层数计算，设备管道层计算层数，出屋面的楼（电）梯间、水箱间不计算层数。

十四、本定额子目中凡注明"××以内（下）"者，均包括"××"本身，"××以外（上）"者，则不包括"××"本身。

十五、超出本定额范围的按照实际情况另行计算工期。

目　录

第一部分　民用建筑工程

第二部分　工业及其他建筑工程

第三部分　构筑物工程

第四部分　专　业　工　程

第一部分　民用建筑工程

说　明

一、本部分包括民用建筑 ±0.000 以下工程、±0.000 以上工程、±0.000 以上钢结构工程和 ±0.000 以上超高层建筑四部分。

二、±0.000 以下工程划分为无地下室和有地下室两部分。无地下室项目按基础类型及首层建筑面积划分；有地下室项目按地下室层数（层）、地下室建筑面积划分。其工期包括 ±0.000 以下全部工程内容，但不含桩基工程。

三、±0.000 以上工程按工程用途、结构类型、层数（层）及建筑面积划分。其工期包括 ±0.000 以上结构、装修、安装等全部工程内容。

四、本部分装饰装修是按一般装修标准考虑的，低于一般装修标准按照相应工期乘以系数 0.95；中级装修按照相应工期乘以系数 1.05；高级装修按照相应工期乘以系数 1.20 计算。一般装修、中级装修、高级装修的划分标准如下：

装修标准划分表

项目	一　般	中　级	高　级
内墙面	一般涂料	贴面砖、高级涂料、贴墙纸、镶贴大理石、木墙裙	干挂石材、铝合金条板、镶贴石材、乳胶漆三遍及以上、贴壁纸、锦缎软包、镶板墙面、金属装饰板、造形木墙裙
外墙面	勾缝、水刷石、干粘石、一般涂料	贴面砖、高级涂料、镶贴石材、干挂石材	干挂石材、铝合金条板、镶贴石材、弹性涂料、真石漆、幕墙、金属装饰板
天棚	一般涂料	高级涂料、吊顶、壁纸	高级涂料、造形吊顶、金属吊顶、壁纸
楼地面	水泥、混凝土、塑料、涂料、块料地面	块料、木地板、地毯楼地面	大理石、花岗岩、木地板、地毯楼地面
门、窗	塑钢窗、钢木门（窗）	彩板、塑钢、铝合金、普通木门（窗）	彩板、塑钢、铝合金、硬木、不锈钢门（窗）

注：1. 高级装修：内外墙面、楼地面每项分别满足 3 个及 3 个以上高级装修项目，天棚、门窗每项分别满足 2 个及 2 个以上高级装修项目，并且每项装修项目的面积之和占相应装修项目面积 70% 以上者；

2. 中级装修：内外墙面、楼地面、天棚、门窗每项分别满足 2 个及 2 个以上中级装修项目，并且每项装修项目的面积之和占相应装修项目面积 70% 以上者。

五、有关规定：

1. ±0.000 以下工程工期：无地下室按首层建筑面积计算，有地下室按地下室建筑面积总和计算。

2. ±0.000 以上工程工期：按 ±0.000 以上部分建筑面积总和计算。

3. 总工期：±0.000 以下工程工期与 ±0.000 以上工程工期之和。

4. 单项工程 ±0.000 以下由 2 种或 2 种以上类型组成时，按不同类型部分的面积查出相应工期，相加计算。

5. 单项工程 ±0.000 以上结构相同，使用功能不同。无变形缝时，按使用功能占建筑面积比重大的计算工期；有变形缝时，先按不同使用功能的面积查出相应工期，再以其中一个最大工期为基数，另加其他部分工期的 25% 计算。

6．单项工程 ±0.000 以上由 2 种或 2 种以上结构组成。无变形缝时，先按全部面积查出不同结构的相应工期，再按不同结构各自的建筑面积加权平均计算；有变形缝时，先按不同结构各自的面积查出相应工期，再以其中一个最大工期为基数，另加其他部分工期的 25% 计算。

7．单项工程 ±0.000 以上层数（层）不同，有变形缝时，先按不同层数（层）各自的面积查出相应工期，再以其中一个最大工期为基数，另加其他部分工期的 25% 计算。

8．单项工程中 ±0.000 以上分成若干个独立部分时，参照总说明第十二条，同期施工的群体工程计算工期。如果 ±0.000 以上有整体部分，将其并入工期最大的单项（位）工程中计算。

9．本定额工业化建筑中的装配式混凝土结构施工工期仅计算现场安装阶段，工期按照装配率 50% 编制。装配率 40%、60%、70% 按本定额相应工期分别乘以系数 1.05、0.95、0.90 计算。

10．钢－混凝土组合结构的工期，参照相应项目的工期乘以系数 1.10 计算。

11．±0.000 以上超高层建筑单层平均面积按主塔楼 ±0.000 以上总建筑面积除以地上总层数计算。

一、±0.000以下工程

1. 无地下室工程

编 号	基 础 类 型	首层建筑面积（m²）	工 期（天）		
			Ⅰ类	Ⅱ类	Ⅲ类
1-1	带形基础	500以内	30	35	40
1-2		1000以内	36	41	46
1-3		2000以内	42	47	52
1-4		3000以内	49	54	59
1-5		4000以内	64	69	74
1-6		5000以内	71	76	81
1-7		10000以内	90	95	100
1-8		10000以外	105	110	115
1-9	筏板基础、满堂基础	500以内	40	45	50
1-10		1000以内	45	50	55
1-11		2000以内	51	56	61
1-12		3000以内	58	63	68
1-13		4000以内	72	77	82
1-14		5000以内	76	81	86
1-15		10000以内	105	110	115
1-16		10000以外	130	135	140
1-17	框架基础、独立柱基	500以内	20	25	30
1-18		1000以内	29	34	39
1-19		2000以内	39	44	49
1-20		3000以内	50	55	60
1-21		4000以内	59	64	69
1-22		5000以内	63	68	73
1-23		10000以内	81	86	91
1-24		10000以外	100	105	110

2. 有地下室工程

编 号	层 数（层）	建筑面积（m²）	工 期（天）		
			Ⅰ类	Ⅱ类	Ⅲ类
1-25	1	1000以内	80	85	90
1-26		3000以内	105	110	115
1-27		5000以内	115	120	125
1-28		7000以内	125	130	135
1-29		10000以内	150	155	160
1-30		10000以外	170	175	180

编 号	层 数（层）	建筑面积（m²）	工 期（天）		
			I 类	II 类	III 类
1-31	2	2000 以内	120	125	130
1-32		4000 以内	135	140	145
1-33		6000 以内	155	160	165
1-34		8000 以内	170	175	180
1-35		10000 以内	185	190	195
1-36		15000 以内	210	220	230
1-37		20000 以内	235	245	255
1-38		20000 以外	260	270	280
1-39	3	3000 以内	165	170	180
1-40		5000 以内	180	185	195
1-41		7000 以内	195	205	220
1-42		10000 以内	215	225	240
1-43		15000 以内	240	250	265
1-44		20000 以内	265	275	295
1-45		25000 以内	290	300	320
1-46		30000 以内	315	325	350
1-47		30000 以外	340	350	375
1-48	4	10000 以内	255	265	280
1-49		15000 以内	280	290	305
1-50		20000 以内	305	315	335
1-51		25000 以内	330	340	360
1-52		30000 以内	355	365	390
1-53		35000 以内	380	390	415
1-54		40000 以内	405	415	445
1-55		40000 以外	430	440	470
1-56	5	10000 以内	285	295	310
1-57		15000 以内	310	325	350
1-58		20000 以内	340	355	380
1-59		25000 以内	365	380	410
1-60		30000 以内	390	405	435
1-61		40000 以内	415	430	465
1-62		50000 以内	440	455	490
1-63		50000 以外	470	485	520

二、±0.000 以上工程

1. 居 住 建 筑

结构类型：砖混结构

编　号	层　数（层）	建筑面积（m²）	工　期（天）		
			Ⅰ类	Ⅱ类	Ⅲ类
1-64	2以下	500 以内	40	50	70
1-65		1000 以内	50	60	80
1-66		2000 以内	60	70	90
1-67		2000 以外	75	85	105
1-68	3	1000 以内	70	80	100
1-69		2000 以内	80	90	110
1-70		3000 以内	95	105	130
1-71		3000 以外	115	125	150
1-72	4	2000 以内	100	110	130
1-73		3000 以内	110	120	140
1-74		5000 以内	135	145	165
1-75		5000 以外	155	165	185
1-76	5	3000 以内	130	140	165
1-77		5000 以内	150	160	185
1-78		8000 以内	170	180	205
1-79		10000 以内	185	195	220
1-80		10000 以外	205	215	240
1-81	6	4000 以内	160	170	195
1-82		6000 以内	175	185	210
1-83		8000 以内	190	200	225
1-84		10000 以内	205	215	240
1-85		10000 以外	225	235	260
1-86	7	5000 以内	185	195	220
1-87		7000 以内	200	215	240
1-88		10000 以内	220	235	260
1-89		10000 以外	250	265	290

结构类型：现浇剪力墙结构

编　号	层　数（层）	建筑面积（m²）	工　期（天）		
			Ⅰ类	Ⅱ类	Ⅲ类
1-90	3以下	1000以内	105	120	135
1-91		2000以内	120	135	150
1-92		4000以内	135	150	165
1-93		6000以内	150	165	180
1-94		6000以外	170	185	205
1-95	6以下	3000以内	155	170	185
1-96		6000以内	170	185	200
1-97		8000以内	185	200	220
1-98		10000以内	200	215	235
1-99		10000以外	220	235	255
1-100	8以下	5000以内	195	210	230
1-101		8000以内	205	220	240
1-102		10000以内	220	235	255
1-103		15000以内	240	255	275
1-104		15000以外	260	275	300
1-105	10以下	8000以内	225	240	260
1-106		10000以内	240	255	275
1-107		15000以内	265	280	305
1-108		15000以外	300	315	340
1-109	12以下	10000以内	255	275	295
1-110		15000以内	275	295	320
1-111		20000以内	295	315	340
1-112		20000以外	345	365	390
1-113	16以下	15000以内	305	325	350
1-114		20000以内	325	345	370
1-115		25000以内	345	365	390
1-116		30000以内	375	395	425
1-117		30000以外	410	430	460
1-118	20以下	20000以内	360	380	410
1-119		25000以内	385	405	435
1-120		30000以内	410	430	460
1-121		35000以内	435	455	485
1-122		40000以内	460	480	515
1-123		40000以外	485	505	540

编　号	层　数（层）	建筑面积（m²）	工　期（天）		
			Ⅰ类	Ⅱ类	Ⅲ类
1-124		30000 以内	495	515	550
1-125		35000 以内	515	535	570
1-126	30 以下	40000 以内	535	555	590
1-127		50000 以内	560	580	620
1-128		50000 以外	575	600	635
1-129		40000 以内	605	625	665
1-130		45000 以内	620	640	680
1-131	40 以下	50000 以内	630	650	690
1-132		60000 以内	650	670	710
1-133		60000 以外	665	685	725

结构类型：现浇框架结构

编　号	层　数（层）	建筑面积（m²）	工　期（天）		
			Ⅰ类	Ⅱ类	Ⅲ类
1-134		1000 以内	140	155	170
1-135		2000 以内	150	165	180
1-136	3 以下	4000 以内	165	180	195
1-137		6000 以内	185	200	215
1-138		6000 以外	205	220	240
1-139		3000 以内	190	205	225
1-140		6000 以内	215	230	250
1-141	6 以下	8000 以内	235	250	270
1-142		10000 以内	250	265	285
1-143		10000 以外	285	300	325
1-144		5000 以内	235	250	275
1-145		8000 以内	255	270	295
1-146	8 以下	10000 以内	270	285	315
1-147		15000 以内	290	305	335
1-148		15000 以外	320	335	365
1-149		8000 以内	275	290	320
1-150		10000 以内	290	305	335
1-151	10 以下	15000 以内	310	325	355
1-152		15000 以外	365	380	410

编　号	层　数（层）	建筑面积（m²）	工　期（天）		
			Ⅰ类	Ⅱ类	Ⅲ类
1-153	12 以下	10000 以内	310	325	360
1-154		15000 以内	330	345	380
1-155		20000 以内	345	365	395
1-156		20000 以外	370	390	420
1-157	16 以下	15000 以内	375	395	430
1-158		20000 以内	390	410	445
1-159		25000 以内	410	430	465
1-160		30000 以内	430	450	485
1-161		30000 以外	455	475	510
1-162	20 以下	20000 以内	430	450	490
1-163		25000 以内	450	470	510
1-164		30000 以内	475	495	535
1-165		40000 以内	515	535	575
1-166		40000 以外	540	560	600
1-167	30 以下	30000 以内	550	575	615
1-168		35000 以内	565	590	630
1-169		40000 以内	580	605	645
1-170		50000 以内	620	645	685
1-171		50000 以外	650	675	715

结构类型：装配式混凝土结构

编　号	层　数（层）	建筑面积（m²）	工　期（天）		
			Ⅰ类	Ⅱ类	Ⅲ类
1-172	3 以下	1000 以内	95	110	125
1-173		2000 以内	110	125	140
1-174		4000 以内	125	140	155
1-175		6000 以内	140	155	170
1-176		6000 以外	155	170	185
1-177	6 以下	3000 以内	145	155	175
1-178		6000 以内	155	170	190
1-179		8000 以内	170	185	205
1-180		10000 以内	185	200	220
1-181		10000 以外	205	215	240

编　号	层　数（层）	建筑面积（m²）	工　期（天）		
			Ⅰ类	Ⅱ类	Ⅲ类
1-182	8 以下	5000 以内	180	195	215
1-183		8000 以内	190	205	225
1-184		10000 以内	205	215	240
1-185		15000 以内	220	235	260
1-186		15000 以外	240	255	280
1-187	10 以下	8000 以内	210	220	250
1-188		10000 以内	220	235	260
1-189		15000 以内	240	255	280
1-190		15000 以外	285	300	330
1-191	12 以下	10000 以内	235	255	280
1-192		15000 以内	255	275	305
1-193		20000 以内	275	295	325
1-194		20000 以外	320	340	370
1-195	16 以下	15000 以内	280	300	330
1-196		20000 以内	300	320	350
1-197		25000 以内	320	340	370
1-198		30000 以内	345	365	400
1-199		30000 以外	380	400	430
1-200	20 以下	20000 以内	335	350	385
1-201		25000 以内	355	375	405
1-202		30000 以内	380	400	430
1-203		35000 以内	405	425	460
1-204		40000 以内	435	455	490
1-205		40000 以外	455	475	510
1-206	30 以下	30000 以内	455	470	505
1-207		35000 以内	475	495	525
1-208		40000 以内	495	515	550
1-209		50000 以内	520	535	575
1-210		50000 以外	530	555	590

2. 办 公 建 筑

结构类型：砖混结构

编　　号	层　数（层）	建筑面积（m²）	工　　期（天）		
			Ⅰ类	Ⅱ类	Ⅲ类
1-211	3以下	1000 以内	90	95	110
1-212		2000 以内	100	105	120
1-213		3000 以内	110	115	130
1-214		3000 以外	125	130	145
1-215	4	2000 以内	115	120	135
1-216		3000 以内	125	130	145
1-217		4000 以内	135	140	155
1-218		4000 以外	150	155	170
1-219	5	3000 以内	135	145	165
1-220		4000 以内	145	155	175
1-221		5000 以内	155	165	185
1-222		6000 以内	170	180	200
1-223		6000 以外	190	200	220
1-224	6	4000 以内	155	165	185
1-225		5000 以内	170	180	200
1-226		6000 以内	185	195	215
1-227		7000 以内	200	210	230
1-228		7000 以外	220	230	250

结构类型：现浇剪力墙结构

编　　号	层　数（层）	建筑面积（m²）	工　　期（天）		
			Ⅰ类	Ⅱ类	Ⅲ类
1-229	6以下	3000 以内	175	185	205
1-230		6000 以内	200	210	230
1-231		9000 以内	220	230	250
1-232		9000 以外	245	255	275
1-233	8以下	6000 以内	225	235	255
1-234		8000 以内	235	245	265
1-235		10000 以内	245	255	275
1-236		12000 以内	255	265	285
1-237		12000 以外	275	285	305

编　号	层　数（层）	建筑面积（m²）	工　期（天）		
			Ⅰ类	Ⅱ类	Ⅲ类
1-238		8000以内	255	270	290
1-239		10000以内	270	285	305
1-240	10以下	15000以内	290	305	325
1-241		20000以内	310	325	345
1-242		20000以外	330	345	365
1-243		10000以内	290	310	330
1-244		15000以内	310	330	350
1-245	12以下	20000以内	330	350	370
1-246		25000以内	350	370	390
1-247		25000以外	370	390	410
1-248		15000以内	360	385	405
1-249		20000以内	380	405	425
1-250	16以下	25000以内	400	425	445
1-251		30000以内	420	445	465
1-252		30000以外	445	470	490
1-253		20000以内	430	455	480
1-254		25000以内	450	475	500
1-255	20以下	30000以内	470	495	520
1-256		35000以内	490	515	540
1-257		35000以外	515	540	565
1-258		30000以内	575	605	635
1-259		35000以内	605	630	660
1-260	30以下	40000以内	625	655	685
1-261		45000以内	650	680	710
1-262		45000以外	675	705	735
1-263		40000以内	745	780	815
1-264		45000以内	770	805	840
1-265	40以下	50000以内	795	830	865
1-266		55000以内	820	855	890
1-267		55000以外	845	880	915

结构类型：现浇框架结构

编　号	层　数（层）	建筑面积（m²）	工　期（天）		
			I 类	II 类	III 类
1-268	3 以下	1000 以内	175	185	200
1-269		3000 以内	190	200	215
1-270		5000 以内	205	215	230
1-271		5000 以外	225	235	250
1-272	6 以下	3000 以内	220	230	245
1-273		6000 以内	240	250	265
1-274		9000 以内	255	265	280
1-275		9000 以外	280	290	305
1-276	8 以下	6000 以内	260	270	290
1-277		8000 以内	275	285	305
1-278		10000 以内	290	300	320
1-279		12000 以内	305	315	335
1-280		12000 以外	330	340	360
1-281	10 以下	8000 以内	295	310	330
1-282		10000 以内	310	325	345
1-283		15000 以内	335	350	370
1-284		20000 以内	360	375	395
1-285		20000 以外	380	395	415
1-286	12 以下	10000 以内	335	350	370
1-287		15000 以内	360	375	395
1-288		20000 以内	380	395	415
1-289		25000 以内	400	415	435
1-290		25000 以外	430	445	465
1-291	16 以下	15000 以内	405	425	450
1-292		20000 以内	430	450	475
1-293		25000 以内	455	475	500
1-294		30000 以内	480	500	525
1-295		30000 以外	510	530	555
1-296	20 以下	20000 以内	485	510	540
1-297		25000 以内	510	535	565
1-298		30000 以内	535	560	590
1-299		35000 以内	560	585	615
1-300		35000 以外	590	615	645
1-301	30 以下	30000 以内	640	675	710
1-302		35000 以内	665	700	735
1-303		40000 以内	690	725	760
1-304		45000 以内	715	750	785
1-305		45000 以外	740	775	810

结构类型：装配式混凝土结构

编 号	层 数（层）	建筑面积（m²）	工 期（天）		
			Ⅰ类	Ⅱ类	Ⅲ类
1-306		3000 以内	160	170	185
1-307	6 以下	6000 以内	175	185	200
1-308		9000 以内	190	200	215
1-309		9000 以外	205	215	230
1-310		6000 以内	200	205	225
1-311		8000 以内	215	225	240
1-312	8 以下	10000 以内	230	240	255
1-313		12000 以内	245	255	270
1-314		12000 以外	260	270	285
1-315		8000 以内	235	245	260
1-316		10000 以内	250	260	275
1-317	10 以下	15000 以内	270	280	290
1-318		20000 以内	285	295	310
1-319		20000 以外	305	315	330
1-320		10000 以内	270	280	300
1-321		15000 以内	285	300	320
1-322	12 以下	20000 以内	305	320	340
1-323		25000 以内	325	340	355
1-324		25000 以外	340	355	375
1-325		15000 以内	335	350	365
1-326		20000 以内	350	365	385
1-327	16 以下	25000 以内	370	385	400
1-328		30000 以内	390	405	420
1-329		30000 以外	410	425	445
1-330		20000 以内	400	415	435
1-331		25000 以内	415	430	455
1-332	20 以下	30000 以内	435	450	470
1-333		35000 以内	455	470	490
1-334		35000 以外	475	490	515
1-335		30000 以内	535	560	585
1-336		35000 以内	560	580	610
1-337	30 以下	40000 以内	580	605	635
1-338		45000 以内	605	630	655
1-339		45000 以外	630	650	680

3．旅馆、酒店建筑

结构类型：砖混结构

编　号	层　数（层）	建筑面积（m²）	工　期（天）		
			Ⅰ类	Ⅱ类	Ⅲ类
1-340	4以下	1000以内	110	120	135
1-341		2000以内	125	135	150
1-342		3000以内	140	150	165
1-343		3000以外	160	170	185
1-344	5	2000以内	140	155	175
1-345		3000以内	155	170	190
1-346		4000以内	170	185	205
1-347		4000以外	190	205	225
1-348	6	3000以内	170	185	205
1-349		4000以内	185	200	220
1-350		5000以内	200	215	235
1-351		5000以外	220	235	255

结构类型：现浇剪力墙结构

编　号	层　数（层）	建筑面积（m²）	工　期（天）		
			Ⅰ类	Ⅱ类	Ⅲ类
1-352	4以下	2000以内	125	130	140
1-353		4000以内	140	145	155
1-354		6000以内	155	160	170
1-355		6000以外	175	180	190
1-356	6以下	3000以内	155	160	170
1-357		6000以内	170	175	185
1-358		9000以内	190	195	205
1-359		9000以外	215	220	230
1-360	8以下	8000以内	210	215	230
1-361		12000以内	230	235	250
1-362		16000以内	250	255	270
1-363		16000以外	275	280	295

编　号	层　数（层）	建筑面积（m²）	工　期（天）		
			Ⅰ类	Ⅱ类	Ⅲ类
1-364	10 以下	10000 以内	245	255	270
1-365		14000 以内	270	280	295
1-366		18000 以内	295	305	320
1-367		18000 以外	320	330	345
1-368	12 以下	12000 以内	280	290	310
1-369		16000 以内	300	310	330
1-370		20000 以内	320	330	350
1-371		20000 以外	350	360	380
1-372	16 以下	16000 以内	345	360	385
1-373		20000 以内	365	380	405
1-374		25000 以内	385	400	425
1-375		25000 以外	410	425	450
1-376	20 以下	20000 以内	410	430	460
1-377		25000 以内	430	450	480
1-378		30000 以内	450	470	500
1-379		35000 以内	470	490	520
1-380		35000 以外	495	515	545
1-381	30 以下	30000 以内	585	610	645
1-382		40000 以内	615	640	675
1-383		50000 以内	645	670	705
1-384		60000 以内	675	700	735
1-385		60000 以外	710	735	770
1-386	40 以下	40000 以内	720	750	790
1-387		45000 以内	735	765	795
1-388		50000 以内	750	780	810
1-389		60000 以内	780	810	850
1-390		60000 以外	805	835	875

结构类型：现浇框架结构

编　号	层　数（层）	建筑面积（m²）	工　期（天）		
			Ⅰ类	Ⅱ类	Ⅲ类
1-391	4以下	2000以内	160	165	175
1-392		4000以内	180	185	195
1-393		6000以内	200	205	215
1-394		6000以外	225	230	240
1-395	6以下	3000以内	200	210	220
1-396		6000以内	220	230	240
1-397		9000以内	240	250	260
1-398		9000以外	270	280	285
1-399	8以下	8000以内	265	275	290
1-400		12000以内	290	300	315
1-401		16000以内	315	325	340
1-402		16000以外	345	355	370
1-403	10以下	10000以内	300	315	330
1-404		14000以内	325	340	355
1-405		18000以内	350	365	380
1-406		18000以外	380	395	415
1-407	12以下	12000以内	335	350	370
1-408		16000以内	360	375	395
1-409		20000以内	385	400	420
1-410		20000以外	415	430	450
1-411	16以下	16000以内	420	435	460
1-412		20000以内	445	460	485
1-413		25000以内	470	485	510
1-414		25000以外	500	515	540
1-415	20以下	20000以内	505	525	555
1-416		25000以内	530	550	580
1-417		30000以内	555	575	605
1-418		35000以内	580	600	630
1-419		35000以外	610	630	660
1-420	30以下	30000以内	680	705	740
1-421		35000以内	705	730	765
1-422		40000以内	725	750	785
1-423		45000以内	745	770	805
1-424		45000以外	760	785	820

结构类型：现浇框架结构

结构类型：装配式混凝土结构

编　号	层　数（层）	建筑面积（m²）	工　期（天）		
			I 类	II 类	III 类
1-425	4 以下	2000 以内	115	120	130
1-426		4000 以内	130	135	145
1-427		6000 以内	145	150	155
1-428		6000 以外	160	165	175
1-429	6 以下	3000 以内	145	150	155
1-430		6000 以内	155	160	170
1-431		9000 以内	175	180	190
1-432		9000 以外	200	205	215
1-433	8 以下	8000 以内	195	200	215
1-434		12000 以内	215	220	230
1-435		16000 以内	230	235	250
1-436		16000 以外	255	260	275
1-437	10 以下	10000 以内	225	235	250
1-438		14000 以内	250	260	275
1-439		18000 以内	275	280	300
1-440		18000 以外	295	305	320
1-441	12 以下	12000 以内	260	270	290
1-442		16000 以内	280	285	310
1-443		20000 以内	295	305	330
1-444		20000 以外	325	335	355
1-445	16 以下	16000 以内	320	335	360
1-446		20000 以内	340	350	380
1-447		25000 以内	355	370	395
1-448		25000 以外	390	395	430
1-449	20 以下	20000 以内	380	405	430
1-450		25000 以内	400	420	450
1-451		30000 以内	415	440	470
1-452		35000 以内	435	460	485
1-453		35000 以外	460	480	510
1-454	30 以下	30000 以内	530	560	590
1-455		40000 以内	560	585	620
1-456		50000 以内	590	615	650
1-457		60000 以内	620	640	675
1-458		60000 以外	650	675	710

结构类型：装配式混凝土结构

4. 商 业 建 筑

结构类型：砖混结构

编 号	层 数 （层）	建筑面积 （m²）	工 期 （天）		
			I 类	II 类	III 类
1-459	3 以下	1000 以内	90	100	115
1-460		2000 以内	105	115	130
1-461		3000 以内	120	130	145
1-462		3000 以外	140	150	165
1-463	4	2000 以内	120	130	145
1-464		3000 以内	135	145	160
1-465		4000 以内	150	160	175
1-466		4000 以外	170	180	195
1-467	5	3000 以内	150	165	185
1-468		4000 以内	165	180	200
1-469		5000 以内	180	195	215
1-470		5000 以外	205	220	240
1-471	6	4000 以内	180	195	215
1-472		5000 以内	195	210	230
1-473		6000 以内	210	225	245
1-474		6000 以外	230	245	265

结构类型：现浇剪力墙结构

编 号	层 数 （层）	建筑面积 （m²）	工 期 （天）		
			I 类	II 类	III 类
1-475	4 以下	2000 以内	135	145	160
1-476		4000 以内	150	160	175
1-477		6000 以内	165	175	190
1-478		6000 以外	190	200	215
1-479	6 以下	3000 以内	170	180	195
1-480		6000 以内	185	195	210
1-481		9000 以内	205	215	230
1-482		9000 以外	225	235	250

编 号	层 数（层）	建筑面积（m²）	工 期（天）		
			Ⅰ类	Ⅱ类	Ⅲ类
1-483	8以下	8000以内	220	235	255
1-484		12000以内	240	255	275
1-485		16000以内	260	275	295
1-486		16000以外	285	300	320
1-487	10以下	10000以内	260	275	295
1-488		15000以内	280	295	315
1-489		20000以内	300	315	335
1-490		20000以外	320	335	355
1-491	12以下	10000以内	290	305	325
1-492		15000以内	310	325	345
1-493		20000以内	330	345	365
1-494		20000以外	350	365	385
1-495	16以下	15000以内	360	380	405
1-496		20000以内	380	400	425
1-497		25000以内	400	420	445
1-498		25000以外	420	440	465
1-499	20以下	20000以内	430	450	480
1-500		25000以内	450	470	500
1-501		30000以内	470	490	520
1-502		35000以内	490	510	540
1-503		35000以外	510	530	560
1-504	30以下	30000以内	575	600	635
1-505		35000以内	595	620	655
1-506		40000以内	620	645	680
1-507		45000以内	645	670	705
1-508		45000以外	675	700	735
1-509	40以下	40000以内	735	765	805
1-510		45000以内	760	790	830
1-511		50000以内	785	815	855
1-512		55000以内	805	835	875
1-513		55000以外	825	855	895

结构类型：现浇框架结构

编　号	层　数（层）	建筑面积（m²）	工　期（天）		
			I 类	II 类	III 类
1-514	4 以下	2000 以内	170	180	195
1-515		4000 以内	185	195	210
1-516		6000 以内	200	210	225
1-517		6000 以外	220	230	245
1-518	6 以下	3000 以内	210	220	235
1-519		6000 以内	230	240	255
1-520		9000 以内	245	255	270
1-521		9000 以外	260	270	285
1-522	8 以下	6000 以内	260	275	290
1-523		8000 以内	275	290	305
1-524		10000 以内	290	305	320
1-525		15000 以内	315	330	345
1-526		15000 以外	340	355	370
1-527	10 以下	8000 以内	305	320	335
1-528		10000 以内	320	335	350
1-529		15000 以内	345	360	375
1-530		20000 以内	370	385	400
1-531		20000 以外	390	405	420
1 532	12 以下	10000 以内	350	365	385
1-533		15000 以内	375	390	410
1-534		20000 以内	400	415	435
1-535		25000 以内	420	435	455
1-536		25000 以外	445	460	480
1-537	16 以下	15000 以内	435	455	480
1-538		20000 以内	460	480	505
1-539		25000 以内	485	505	530
1-540		30000 以内	505	525	550
1-541		30000 以外	530	550	575
1-542	20 以下	20000 以内	515	540	570
1-543		25000 以内	540	565	595
1-544		30000 以内	565	590	620
1-545		35000 以内	590	615	645
1-546		35000 以外	610	635	665

结构类型：现浇框架结构

编　号	层　　数（层）	建筑面积（m²）	工　期（天）		
			Ⅰ类	Ⅱ类	Ⅲ类
1-547		30000 以内	675	705	740
1-548		35000 以内	695	725	760
1-549	30 以下	40000 以内	715	745	780
1-550		45000 以内	735	765	800
1-551		45000 以外	750	780	815

结构类型：装配式混凝土结构

编　号	层　　数（层）	建筑面积（m²）	工　期（天）		
			Ⅰ类	Ⅱ类	Ⅲ类
1-552		2000 以内	125	135	150
1-553	4 以下	4000 以内	140	150	160
1-554		6000 以内	155	160	175
1-555		6000 以外	175	185	200
1-556		3000 以内	155	165	180
1-557	6 以下	6000 以内	170	180	195
1-558		9000 以内	190	200	215
1-559		9000 以外	210	215	230
1-560		8000 以内	205	215	235
1-561	8 以下	12000 以内	220	235	255
1-562		16000 以内	240	255	275
1-563		16000 以外	265	280	295
1-564		10000 以内	240	255	275
1-565	10 以下	14000 以内	260	275	290
1-566		18000 以内	280	290	310
1-567		18000 以外	295	310	330
1-568		12000 以内	270	280	300
1-569	12 以下	16000 以内	285	300	320
1-570		20000 以内	305	320	340
1-571		20000 以外	325	340	355

编　号	层　数（层）	建筑面积（m²）	工　期（天）		
			I 类	II 类	III 类
1-572		16000 以内	335	350	375
1-573	16 以下	20000 以内	350	370	395
1-574		25000 以内	370	390	410
1-575		25000 以外	390	405	430
1-576		20000 以内	395	415	445
1-577		25000 以内	410	435	465
1-578	20 以下	30000 以内	430	455	480
1-579		35000 以内	450	470	500
1-580		35000 以外	465	490	520
1-581		30000 以内	535	560	600
1-582		35000 以内	555	580	620
1-583	30 以下	40000 以内	580	600	635
1-584		45000 以内	600	625	655
1-585		45000 以外	630	650	685

5．文　化　建　筑

结构类型：现浇剪力墙结构

编　号	檐　高（m）	建筑面积（m²）	工　期（天）		
			I 类	II 类	III 类
1-586		1000 以内	175	185	200
1-587		2000 以内	190	200	215
1-588	15 以内	3000 以内	205	215	230
1-589		5000 以内	225	235	250
1-590		5000 以外	255	265	280
1-591		2000 以内	230	240	255
1-592		3000 以内	255	270	290
1-593	30 以内	5000 以内	280	295	315
1-594		7000 以内	310	325	345
1-595		7000 以外	345	360	380

编　号	檐　高（m）	建筑面积（m²）	工　期（天）		
			Ⅰ类	Ⅱ类	Ⅲ类
1-596		5000以内	305	320	340
1-597		7000以内	335	350	370
1-598	45以内	10000以内	360	380	405
1-599		20000以内	390	410	440
1-600		20000以外	425	445	475
1-601		10000以内	365	380	415
1-602		20000以内	400	420	450
1-603	60以内	30000以内	435	455	485
1-604		50000以内	485	505	535
1-605		50000以外	530	550	580

结构类型：现浇框架结构

编　号	檐　高（m）	建筑面积（m²）	工　期（天）		
			Ⅰ类	Ⅱ类	Ⅲ类
1-606		1000以内	210	220	235
1-607		2000以内	225	235	250
1-608	15以内	3000以内	240	250	265
1-609		5000以内	260	270	285
1-610		5000以外	290	300	315
1-611		2000以内	265	275	295
1-612		3000以内	290	305	325
1-613	30以内	5000以内	315	330	350
1-614		7000以内	345	360	380
1-615		7000以外	375	390	410
1-616		5000以内	340	360	375
1-617		7000以内	370	390	405
1-618	45以内	10000以内	395	415	445
1-619		20000以内	420	440	470
1-620		20000以外	450	470	500

编 号	檐 高 (m)	建筑面积 (m²)	工 期 (天)		
			I 类	II 类	III 类
1-621	60 以内	10000 以内	400	420	440
1-622		20000 以内	435	460	480
1-623		30000 以内	470	495	515
1-624		50000 以内	520	545	570
1-625		50000 以外	575	600	630

结构类型：装配式混凝土结构

编 号	檐 高 (m)	建筑面积 (m²)	工 期 (天)		
			I 类	II 类	III 类
1-626	15 以内	1000 以内	160	170	185
1-627		2000 以内	175	185	200
1-628		3000 以内	190	200	215
1-629		5000 以内	210	215	230
1-630		5000 以外	225	240	255
1-631	30 以内	2000 以内	215	220	235
1-632		3000 以内	235	250	270
1-633		5000 以内	260	275	290
1-634		7000 以内	290	305	325
1-635		7000 以外	320	335	355
1-636	45 以内	5000 以内	280	295	320
1-637		7000 以内	310	325	350
1-638		10000 以内	335	350	375
1-639		20000 以内	360	375	400
1-640		20000 以外	390	405	430
1-641	60 以内	10000 以内	335	355	380
1-642		20000 以内	365	390	415
1-643		30000 以内	395	420	450
1-644		50000 以内	445	465	495
1-645		50000 以外	495	520	545

6. 教 育 建 筑

结构类型：砖混结构

编 号	层 数（层）	建筑面积（m²）	工 期（天）		
			Ⅰ类	Ⅱ类	Ⅲ类
1-646	3 以下	1000 以内	90	100	110
1-647		2000 以内	100	110	120
1-648		3000 以内	115	125	135
1-649		3000 以外	130	140	150
1-650	4	2000 以内	120	130	140
1-651		3000 以内	135	145	155
1-652		4000 以内	145	155	165
1-653		4000 以外	160	170	180
1-654	5	3000 以内	155	170	190
1-655		4000 以内	165	180	200
1-656		5000 以内	175	190	210
1-657		5000 以外	190	205	225
1-658	6	4000 以内	185	200	220
1-659		5000 以内	195	210	230
1-660		6000 以内	220	235	255
1-661		6000 以外	235	250	270

结构类型：现浇剪力墙结构

编 号	层 数（层）	建筑面积（m²）	工 期（天）		
			Ⅰ类	Ⅱ类	Ⅲ类
1-662	3 以下	1000 以内	120	130	140
1-663		3000 以内	130	140	150
1-664		5000 以内	140	150	160
1-665		5000 以外	165	175	190
1-666	5 以下	3000 以内	160	170	185
1-667		5000 以内	175	185	200
1-668		7000 以内	190	200	215
1-669		10000 以内	210	220	235
1-670		10000 以外	225	235	250

编　　号	层　数（层）	建筑面积（m²）	工　期（天）		
			Ⅰ类	Ⅱ类	Ⅲ类
1-671		8000 以内	225	240	260
1-672	8 以下	12000 以内	245	260	280
1-673		15000 以内	260	275	295
1-674		15000 以外	285	300	320
1-675		10000 以内	295	310	330
1-676	12 以下	15000 以内	315	330	350
1-677		20000 以内	335	350	370
1-678		20000 以外	355	370	390
1-679		15000 以内	365	385	410
1-680	16 以下	20000 以内	385	405	430
1-681		25000 以内	405	425	450
1-682		25000 以外	425	445	470
1-683		20000 以内	445	465	495
1-684		25000 以内	465	485	515
1-685	20 以下	30000 以内	485	505	535
1-686		35000 以内	510	530	560
1-687		35000 以外	540	560	590
1-688		30000 以内	595	620	655
1-689		40000 以内	630	655	690
1-690	30 以下	50000 以内	665	690	725
1-691		60000 以内	700	725	760
1-692		60000 以外	735	760	795

结构类型：现浇框架结构

编　　号	层　数（层）	建筑面积（m²）	工　期（天）		
			Ⅰ类	Ⅱ类	Ⅲ类
1-693		1000 以内	150	160	170
1-694	3 以下	3000 以内	165	175	185
1-695		5000 以内	180	190	200
1-696		5000 以外	200	210	220

编　号	层　数（层）	建筑面积（m²）	工　期（天）		
			Ⅰ类	Ⅱ类	Ⅲ类
1-697	5以下	3000以内	205	215	235
1-698		5000以内	220	230	250
1-699		7000以内	235	245	265
1-700		10000以内	255	265	285
1-701		10000以外	270	280	300
1-702	8以下	8000以内	270	285	310
1-703		12000以内	290	305	330
1-704		15000以内	310	325	350
1-705		15000以外	335	350	375
1-706	12以下	10000以内	345	365	395
1-707		15000以内	370	390	420
1-708		20000以内	395	415	445
1-709		20000以外	420	440	470
1-710	16以下	15000以内	435	455	490
1-711		20000以内	460	480	515
1-712		25000以内	485	505	540
1-713		25000以外	515	535	570
1-714	20以下	20000以内	530	555	595
1-715		25000以内	560	585	625
1-716		30000以内	590	615	655
1-717		35000以内	620	645	685
1-718		35000以外	650	675	715

结构类型：装配式混凝土结构

编　号	层　数（层）	建筑面积（m²）	工　期（天）		
			Ⅰ类	Ⅱ类	Ⅲ类
1-719	3以下	1000以内	110	120	130
1-720		3000以内	120	130	140
1-721		5000以内	130	140	150
1-722		5000以外	150	160	170

编 号	层 数（层）	建筑面积（m²）	工 期（天）		
			Ⅰ类	Ⅱ类	Ⅲ类
1-723		3000 以内	150	155	170
1-724	5 以下	5000 以内	160	170	185
1-725		7000 以内	175	185	200
1-726		7000 以外	200	210	220
1-727		8000 以内	210	220	240
1-728	8 以下	12000 以内	225	240	260
1-729		16000 以内	240	260	280
1-730		16000 以外	265	285	305
1-731		12000 以内	275	285	305
1-732	12 以下	16000 以内	290	305	325
1-733		20000 以内	310	325	345
1-734		20000 以外	330	345	365
1-735		16000 以内	340	355	380
1-736	16 以下	20000 以内	355	375	400
1-737		25000 以内	375	395	415
1-738		25000 以外	395	415	435
1-739		20000 以内	410	430	460
1-740		25000 以内	430	450	475
1-741	20 以下	30000 以内	450	470	495
1-742		35000 以内	470	490	520
1-743		35000 以外	500	520	550

7. 体 育 建 筑

结构类型：现浇框架结构

编 号	檐 高（m）	建筑面积（m²）	工 期（天）		
			Ⅰ类	Ⅱ类	Ⅲ类
1-744		3000 以内	435	460	485
1-745		5000 以内	470	495	520
1-746	30 以内	7000 以内	500	525	555
1-747		10000 以内	545	570	600
1-748		15000 以内	585	610	635
1-749		15000 以外	630	655	680

编　号	檐　高（m）	建筑面积（m²）	工　期（天）		
			Ⅰ类	Ⅱ类	Ⅲ类
1-750		5000 以内	505	530	560
1-751		7000 以内	545	570	600
1-752		10000 以内	585	610	640
1-753		15000 以内	625	650	680
1-754	45 以内	20000 以内	665	690	720
1-755		30000 以内	710	735	765
1-756		50000 以内	755	780	810
1-757		50000 以外	805	830	860
1-758		10000 以内	640	670	705
1-759	60 以内	30000 以内	740	770	800
1-760		50000 以内	830	860	895
1-761		50000 以外	885	915	950

8．卫　生　建　筑

结构类型：砖混结构

编　号	层　数（层）	建筑面积（m²）	工　期（天）		
			Ⅰ类	Ⅱ类	Ⅲ类
1-762		1000 以内	100	110	125
1-763	3 以下	2000 以内	110	120	135
1-764		3000 以内	120	130	145
1-765		3000 以外	140	150	165
1-766		2000 以内	125	135	150
1-767	4	3000 以内	140	150	165
1-768		4000 以内	155	170	185
1-769		4000 以外	175	190	205
1-770		3000 以内	160	175	190
1-771	5	4000 以内	175	190	205
1-772		5000 以内	190	205	220
1-773		5000 以外	200	220	235
1-774		4000 以内	190	210	225
1-775	6	5000 以内	200	220	235
1-776		6000 以内	220	240	255
1-777		6000 以外	240	260	275

结构类型：现浇剪力墙结构

编　号	层　数（层）	建筑面积（m²）	工　期（天）		
			Ⅰ类	Ⅱ类	Ⅲ类
1-778	4以下	2000以内	130	140	155
1-779		4000以内	150	160	175
1-780		6000以内	170	180	195
1-781		6000以外	200	210	225
1-782	6以下	3000以内	160	170	185
1-783		5000以内	180	190	205
1-784		7000以内	200	210	225
1-785		9000以内	220	230	245
1-786		9000以外	245	255	270
1-787	8以下	5000以内	220	230	245
1-788		7000以内	240	250	265
1-789		10000以内	265	275	290
1-790		12000以内	285	300	315
1-791		12000以外	315	330	345
1-792	10以下	8000以内	280	300	325
1-793		10000以内	300	320	345
1-794		12000以内	320	340	365
1-795		15000以内	345	365	390
1-796		15000以外	375	395	420
1-797	12以下	10000以内	330	350	375
1-798		12000以内	345	365	390
1-799		15000以内	360	380	405
1-800		18000以内	380	400	425
1-801		20000以内	395	415	440
1-802		20000以外	420	440	475
1-803	16以下	15000以内	410	430	455
1-804		20000以内	435	455	480
1-805		25000以内	460	480	510
1-806		25000以外	485	505	540
1-807	20以下	20000以内	485	510	545
1-808		25000以内	510	535	570
1-809		30000以内	535	565	600
1-810		35000以内	560	595	630
1-811		35000以外	590	625	660

编　号	层　数（层）	建筑面积（m²）	工　期（天）		
			Ⅰ类	Ⅱ类	Ⅲ类
1-812		30000 以内	650	685	725
1-813		35000 以内	680	705	750
1-814	30 以下	40000 以内	705	730	770
1-815		45000 以内	725	750	790
1-816		45000 以外	745	775	810

结构类型：现浇框架结构

编　号	层　数（层）	建筑面积（m²）	工　期（天）		
			Ⅰ类	Ⅱ类	Ⅲ类
1-817		2000 以内	190	200	215
1-818	4 以下	4000 以内	210	220	235
1-819		6000 以内	225	235	250
1-820		6000 以外	235	250	265
1-821		3000 以内	230	240	255
1-822		5000 以内	250	260	275
1-823	6 以下	7000 以内	270	280	295
1-824		9000 以内	290	305	320
1-825		9000 以外	310	330	350
1-826		5000 以内	280	290	305
1-827		7000 以内	305	310	325
1-828	8 以下	10000 以内	325	340	360
1-829		12000 以内	340	355	375
1-830		12000 以外	365	380	400
1-831		8000 以内	335	350	370
1-832		10000 以内	355	375	395
1-833	10 以下	12000 以内	375	395	420
1-834		15000 以内	400	420	445
1-835		15000 以外	425	445	470
1-836		10000 以内	380	400	425
1-837		12000 以内	395	415	440
1-838	12 以下	15000 以内	410	430	455
1-839		18000 以内	425	445	470
1-840		20000 以内	440	460	485
1-841		20000 以外	460	480	505

编　号	层　数（层）	建筑面积（m²）	工　期（天）		
			I 类	II 类	III 类
1-842		15000 以内	470	490	525
1-843	16 以下	20000 以内	495	515	540
1-844		25000 以内	520	540	565
1-845		25000 以外	540	565	590
1-846		20000 以内	550	575	600
1-847		25000 以内	575	600	625
1-848	20 以下	30000 以内	600	625	650
1-849		35000 以内	620	645	675
1-850		35000 以外	640	670	700
1-851		30000 以内	700	730	765
1-852		35000 以内	725	755	790
1-853	30 以下	40000 以内	745	775	810
1-854		45000 以内	765	795	830
1-855		45000 以外	790	820	855

结构类型：装配式混凝土结构

编　号	层　数（层）	建筑面积（m²）	工　期（天）		
			I 类	II 类	III 类
1-856		2000 以内	120	130	145
1-857	4 以下	4000 以内	140	150	160
1-858		6000 以内	155	165	180
1-859		6000 以外	185	195	210
1-860		3000 以内	150	155	170
1-861		5000 以内	165	175	190
1-862	6 以下	7000 以内	185	195	210
1-863		9000 以内	205	215	225
1-864		9000 以外	225	235	250
1-865		5000 以内	205	215	225
1-866		7000 以内	220	230	245
1-867	8 以下	10000 以内	245	255	270
1-868		12000 以内	265	275	285
1-869		12000 以外	290	305	320

编　　号	层　数（层）	建筑面积（m²）	工　　期（天）		
			I 类	II 类	III 类
1-870	10 以下	8000 以内	269	280	300
1-871		10000 以内	280	295	320
1-872		12000 以内	295	315	340
1-873		15000 以内	320	340	360
1-874		15000 以外	345	365	390
1-875	12 以下	10000 以内	305	325	345
1-876		12000 以内	320	340	360
1-877		15000 以内	335	350	375
1-878		18000 以内	345	360	390
1-879		20000 以内	365	380	405
1-880		20000 以外	390	405	435
1-881	16 以下	15000 以内	380	400	420
1-882		20000 以内	400	420	445
1-883		25000 以内	420	445	470
1-884		25000 以外	445	465	500
1-885	20 以下	20000 以内	450	470	505
1-886		25000 以内	470	495	525
1-887		30000 以内	495	525	555
1-888		35000 以内	520	545	580
1-889		35000 以外	545	575	605
1-890	30 以下	30000 以内	605	640	670
1-891		35000 以内	640	660	695
1-892		40000 以内	645	680	710
1-893		45000 以内	665	700	730
1-894		45000 以外	685	715	750

9. 交 通 建 筑

结构类型：现浇框架结构

编 号	檐 高（m）	建筑面积（m²）	工 期（天）		
			Ⅰ类	Ⅱ类	Ⅲ类
1-895	30以内	3000以内	445	460	480
1-896		5000以内	480	495	515
1-897		7000以内	510	525	545
1-898		10000以内	550	570	590
1-899		15000以内	590	610	630
1-900		15000以外	635	655	675
1-901	45以内	5000以内	520	540	565
1-902		7000以内	560	580	605
1-903		10000以内	595	620	645
1-904		15000以内	635	660	690
1-905		20000以内	675	700	735
1-906		30000以内	720	745	780
1-907		50000以内	760	790	825
1-908		50000以外	810	840	875
1-909	60以内	10000以内	650	685	720
1-910		30000以内	785	820	855
1-911		50000以内	840	875	910
1-912		50000以外	895	930	965

10. 广播电影电视建筑

结构类型：现浇剪力墙结构

编 号	层 数（层）	建筑面积（m²）	工 期（天）		
			Ⅰ类	Ⅱ类	Ⅲ类
1-913	6以下	3000以内	180	190	205
1-914		6000以内	195	205	220
1-915		9000以内	215	225	240
1-916		9000以外	240	250	265
1-917	8以下	6000以内	220	230	245
1-918		8000以内	235	245	260
1-919		10000以内	260	270	285
1-920		12000以内	275	285	300
1-921		12000以外	300	310	325

编　号	层　数（层）	建筑面积（m²）	工　期（天）		
			Ⅰ类	Ⅱ类	Ⅲ类
1-922	10以下	8000以内	265	280	300
1-923		10000以内	280	295	315
1-924		15000以内	305	320	340
1-925		20000以内	325	340	360
1-926		20000以外	350	365	385
1-927	12以下	10000以内	305	320	340
1-928		15000以内	325	340	360
1-929		20000以内	340	355	375
1-930		25000以内	365	380	400
1-931		25000以外	415	430	450
1-932	16以下	15000以内	375	395	420
1-933		20000以内	395	415	440
1-934		25000以内	415	435	460
1-935		30000以内	435	455	480
1-936		30000以外	465	485	510
1-937	20以下	20000以内	445	475	500
1-938		25000以内	470	500	525
1-939		30000以内	500	530	555
1-940		35000以内	520	550	575
1-941		35000以外	550	580	605
1-942	24以下	25000以内	510	535	570
1-943		30000以内	535	560	595
1-944		35000以内	565	590	625
1-945		40000以内	590	615	650
1-946		40000以外	615	640	675
1-947	30以下	30000以内	590	615	650
1-948		40000以内	645	660	705
1-949		50000以内	685	710	750
1-950		60000以内	720	745	785
1-951		60000以外	755	780	820

结构类型：现浇框架结构

编　号	层　数（层）	建筑面积（m²）	工　期（天）		
			Ⅰ类	Ⅱ类	Ⅲ类
1-952	6以下	3000以内	230	240	250
1-953		6000以内	250	260	270
1-954		9000以内	270	280	290
1-955		9000以外	280	290	300
1-956	8以下	6000以内	285	295	310
1-957		8000以内	305	315	330
1-958		10000以内	330	340	355
1-959		12000以内	355	365	385
1-960		12000以外	385	395	415
1-961	10以下	8000以内	325	340	360
1-962		10000以内	345	360	380
1-963		15000以内	370	385	405
1-964		20000以内	395	410	430
1-965		20000以外	425	440	460
1-966	12以下	10000以内	370	385	410
1-967		15000以内	395	410	435
1-968		20000以内	415	430	455
1-969		25000以内	445	460	485
1-970		25000以外	505	520	545
1-971	16以下	15000以内	460	480	505
1-972		20000以内	485	505	530
1-973		25000以内	510	530	555
1-974		30000以内	535	555	580
1-975		30000以外	570	590	615
1-976	20以下	20000以内	540	570	605
1-977		25000以内	570	600	635
1-978		30000以内	600	630	665
1-979		35000以内	630	660	695
1-980		35000以外	665	695	730

结构类型：现浇框架结构

结构类型：装配式混凝土结构

编 号	层 数（层）	建筑面积（m²）	工 期（天）		
			I 类	II 类	III 类
1-981	6 以下	3000 以内	165	175	190
1-982		6000 以内	180	190	205
1-983		9000 以内	200	210	225
1-984		9000 以外	220	230	245
1-985	8 以下	6000 以内	205	215	225
1-986		8000 以内	215	225	240
1-987		10000 以内	240	250	265
1-988		12000 以内	255	265	280
1-989		12000 以外	275	290	310
1-990	10 以下	8000 以内	245	260	275
1-991		10000 以内	260	275	290
1-992		15000 以内	280	295	315
1-993		20000 以内	300	315	335
1-994		20000 以外	325	340	355
1-995	12 以下	10000 以内	280	295	315
1-996		15000 以内	300	315	335
1-997		20000 以内	315	330	345
1-998		25000 以内	340	350	370
1-999		25000 以外	385	400	415
1-1000	16 以下	15000 以内	345	365	390
1-1001		20000 以内	365	385	405
1-1002		25000 以内	385	400	425
1-1003		30000 以内	400	420	445
1-1004		30000 以外	430	450	470
1-1005	20 以下	20000 以内	410	435	465
1-1006		25000 以内	435	460	485
1-1007		30000 以内	460	485	515
1-1008		35000 以内	480	505	530
1-1009		35000 以外	510	535	560

结构类型：装配式混凝土结构

三、±0.000 以上钢结构工程

编号	建筑功能	建筑面积（m²）	用钢量（t）	工期（天）		
				Ⅰ类	Ⅱ类	Ⅲ类
1-1010	体育场	20000 以内	2000 以内	180	200	225
1-1011		40000 以内	4000 以内	200	220	250
1-1012		60000 以内	6000 以内	230	245	270
1-1013		80000 以内	8000 以内	260	280	300
1-1014		80000 以外	8000 以外	290	310	330
1-1015	交通枢纽楼（火车站、汽车站、航站楼等）	30000 以内	2000 以内	190	210	225
1-1016		60000 以内	4000 以内	235	250	270
1-1017		90000 以内	6000 以内	325	340	360
1-1018		120000 以内	8000 以内	380	405	430
1-1019		150000 以内	10000 以内	425	450	475
1-1020		180000 以内	12000 以内	475	500	525
1-1021		210000 以内	14000 以内	525	550	575
1-1022		240000 以内	16000 以内	580	605	630
1-1023		270000 以内	18000 以内	635	665	695
1-1024		300000 以内	20000 以内	705	735	765
1-1025		300000 以外	20000 以外	765	795	825
1-1026	博物馆、影剧院、购物中心、会展场馆	8000 以内	2000 以内	225	240	255
1-1027		16000 以内	4000 以内	290	305	320
1-1028		24000 以内	6000 以内	355	370	385
1-1029		32000 以内	8000 以内	420	435	455
1-1030		40000 以内	10000 以内	485	500	520
1-1031		48000 以内	12000 以内	550	565	595
1-1032		56000 以内	14000 以内	620	640	670
1-1033		64000 以内	16000 以内	690	710	745
1-1034		72000 以内	18000 以内	760	780	820
1-1035		80000 以内	20000 以内	830	850	895

编号	建筑功能	建筑面积（m²）	用钢量（t）	工期（天）		
				Ⅰ类	Ⅱ类	Ⅲ类
1-1036		96000 以内	22000 以内	900	920	970
1-1037		100000 以内	24000 以内	975	1000	1060
1-1038		105000 以内	26000 以内	1050	1075	1140
1-1039		110000 以内	28000 以内	1125	1150	1220
1-1040	博物馆、影剧院、购物中心、会展场馆	120000 以内	30000 以内	1200	1225	1300
1-1041		130000 以内	32000 以内	1275	1300	1380
1-1042		135000 以内	34000 以内	1355	1385	1470
1-1043		145000 以内	36000 以内	1435	1465	1555
1-1044		150000 以内	38000 以内	1515	1545	1640
1-1045		160000 以内	40000 以内	1595	1625	1725
1-1046		160000 以外	40000 以外	1675	1705	1820

四、±0.000 以上超高层建筑

编 号	层 数（层）	单层平均面积（m²）	工 期（天）		
			Ⅰ类	Ⅱ类	Ⅲ类
1-1047	40 以上 50 以下	2000 以内	810	840	900
1-1048		2500 以内	830	860	920
1-1049		3000 以内	850	880	940
1-1050		3000 以外	870	900	960
1-1051	60 以下	2000 以内	900	930	990
1-1052		2500 以内	920	950	1015
1-1053		3000 以内	940	970	1035
1-1054		3000 以外	960	990	1055
1-1055	70 以下	2000 以内	995	1030	1105
1-1056		2500 以内	1020	1055	1130
1-1057		3000 以内	1045	1080	1155
1-1058		3000 以外	1070	1105	1180
1-1059	80 以下	2000 以内	1095	1130	1210
1-1060		2500 以内	1120	1155	1235
1-1061		3000 以内	1145	1180	1260
1-1062		3000 以外	1170	1205	1285
1-1063	90 以下	2000 以内	1200	1240	1330
1-1064		2500 以内	1230	1270	1360
1-1065		3000 以内	1260	1300	1390
1-1066		3000 以外	1290	1330	1425
1-1067	100 以下	2000 以内	1310	1350	1445
1-1068		2500 以内	1340	1380	1475
1-1069		3000 以内	1370	1410	1505
1-1070		3000 以外	1400	1440	1535

第二部分　工业及其他建筑工程

说　明

一、本部分包括单层厂房、多层厂房、仓库、降压站、冷冻机房、冷库、冷藏间、空压机房、变电室、开闭所、锅炉房、服务用房、汽车库、独立地下工程、室外停车场、园林庭院工程。

二、本部分所列的工期不含地下室工期，地下室工期执行 ±0000 以下工程相应项目乘以系数 0.70。

三、工业及其他建筑工程施工内容包括基础、结构、装修和设备安装等全部工程内容。

四、本部分厂房指机加工、装配、五金、一般纺织（粗纺、制条、洗毛等）、电子、服装及无特殊要求的装配车间。

五、冷库工程不适用于山洞冷库、地下冷库和装配式冷库工程。

六、单层厂房的主跨高度以 9m 为准，高度在 9m 以上时，每增加 2m 增加工期 10 天，不足 2m 者，不增加工期。

多层厂房层高在 4.5m 以上时，每增加 1m 增加工期 5 天，不足 1m 者，不增加工期，每层单独计取后累加。

厂房主跨高度指自室外地坪至檐口的高度。

七、单层厂房的设备基础体积超过 100m³ 时，另增加工期 10 天；体积超过 500m³，另增加工期 15 天；体积超过 1000m³ 时，另增加工期 20 天。带钢筋混凝土隔振沟的设备基础，隔振沟长度超过 100m 时，另增加工期 10 天，超过 200m 时，另增加工期 15 天，超过 500m 时，另增加工期 20 天。

八、带站台的仓库（不含冷库工程），其工期按本定额中仓库相应子目项乘以系数 1.15 计算。

九、园林庭院工程的面积按占地面积计算（包括一般园林、喷水池、花池、葡萄架、石椅、石凳等庭院道路、园林绿化等）。

一、单层厂房工程

编　号	结　构　类　型	建筑面积（m²）	工　期（天）		
			I 类	II 类	III 类
2-1	砖混结构	500 以内	90	100	115
2-2		1000 以内	100	110	125
2-3		2000 以内	115	125	140
2-4		3000 以内	130	140	155
2-5		3000 以外	150	160	175
2-6	现浇框架结构	1000 以内	165	175	195
2-7		2000 以内	175	185	205
2-8		3000 以内	185	200	220
2-9		5000 以内	200	215	235
2-10		7000 以内	220	230	255
2-11		10000 以内	240	250	275
2-12		15000 以内	260	270	300
2-13		20000 以内	275	290	320
2-14		25000 以内	305	315	340
2-15		30000 以内	325	340	365
2-16		30000 以外	355	370	395

二、多层厂房工程

结构类型：现浇框架结构

编 号	层 数（层）	建筑面积（m²）	工 期（天）		
			Ⅰ类	Ⅱ类	Ⅲ类
2-17	2～3	3000 以内	190	200	220
2-18		6000 以内	215	230	250
2-19		9000 以内	250	265	290
2-20		15000 以内	290	305	335
2-21		20000 以内	325	340	375
2-22		30000 以内	360	380	420
2-23		30000 以外	400	420	460
2-24	4	4000 以内	210	220	235
2-25		7000 以内	235	250	265
2-26		10000 以内	270	285	310
2-27		15000 以内	305	325	350
2-28		20000 以内	340	360	390
2-29		30000 以内	380	400	430
2-30		30000 以外	425	450	485
2-31	5	5000 以内	255	265	290
2-32		10000 以内	290	305	330
2-33		15000 以内	325	340	370
2-34		20000 以内	365	380	405
2-35		25000 以内	410	430	460
2-36		35000 以内	450	470	505
2-37		35000 以外	480	500	540
2-38	6	6000 以内	275	285	305
2-39		10000 以内	310	325	345
2-40		15000 以内	345	360	385
2-41		20000 以内	385	400	425
2-42		25000 以内	430	445	475
2-43		30000 以内	460	480	515
2-44		40000 以内	500	520	560
2-45		40000 以外	535	560	600

三、仓　库

结构类型：砖混结构

编　号	层　数（层）	建筑面积（m²）	工　期（天）		
			I 类	II 类	III 类
2-46	1	500 以内	70	80	90
2-47		1000 以内	75	85	95
2-48		2000 以内	80	90	100
2-49		3000 以内	85	95	105
2-50		3000 以外	100	110	120
2-51	2	1000 以内	85	95	105
2-52		2000 以内	90	100	110
2-53		3000 以内	100	110	120
2-54		5000 以内	110	120	130
2-55		5000 以外	130	140	150
2-56	3	1000 以内	100	110	120
2-57		2000 以内	110	120	130
2-58		3000 以内	115	125	135
2-59		5000 以内	130	140	150
2-60		10000 以内	140	150	160
2-61		10000 以外	160	170	180

结构类型：现浇框架结构

编　号	层　数（层）	建筑面积（m²）	工　期（天）		
			I 类	II 类	III 类
2-62	1	500 以内	85	95	115
2-63		1000 以内	95	105	125
2-64		2000 以内	105	115	135
2-65		3000 以内	120	130	150
2-66		3000 以外	125	135	155
2-67	2	1000 以内	110	120	140
2-68		2000 以内	120	130	150
2-69		3000 以内	130	140	160
2-70		5000 以内	140	150	170
2-71		5000 以外	150	160	180

编　号	层　数（层）	建筑面积（m²）	工　期（天）		
			Ⅰ类	Ⅱ类	Ⅲ类
2-72	3	2000以内	170	180	200
2-73		3000以内	190	200	220
2-74		5000以内	210	220	240
2-75		7000以内	225	235	260
2-76		9000以内	240	250	275
2-77		10000以内	255	265	290
2-78		15000以内	290	300	325
2-79		20000以内	330	340	365
2-80		20000以外	370	380	405
2-81	4	2000以内	200	210	230
2-82		3000以内	220	230	250
2-83		5000以内	235	245	270
2-84		7000以内	255	265	290
2-85		9000以内	265	275	300
2-86		10000以内	270	285	315
2-87		15000以内	305	320	350
2-88		20000以内	345	360	390
2-89		20000以外	380	400	430
2-90	5	5000以内	255	270	300
2-91		7000以内	275	290	320
2-92		10000以内	300	310	340
2-93		15000以内	320	335	365
2-94		20000以内	365	380	410
2-95		20000以外	410	425	455
2-96	6	5000以内	285	300	330
2-97		7000以内	300	315	350
2-98		10000以内	325	340	370
2-99		15000以内	350	365	400
2-100		20000以内	385	405	440
2-101		20000以外	415	435	470

四、辅助附属设施

1. 降压站工程

结构类型：砖混结构

编　号	层　数（层）	建筑面积（m²）	工　期（天）		
			Ⅰ类	Ⅱ类	Ⅲ类
2-102	3以下	400以内	200	210	225
2-103		800以内	210	220	235

结构类型：现浇混凝土结构

编　号	层　数（层）	建筑面积（m²）	工　期（天）		
			Ⅰ类	Ⅱ类	Ⅲ类
2-104	3以下	400以内	235	250	275
2-105		800以内	250	265	290

结构类型：预制钢筋混凝土结构

编　号	层　数（层）	建筑面积（m²）	工　期（天）		
			Ⅰ类	Ⅱ类	Ⅲ类
2-106	3以下	400以内	225	235	255
2-107		800以内	240	250	270

2. 冷冻机房工程

结构类型：现浇混凝土结构

编　号	层　数（层）	建筑面积（m²）	工　期（天）			备　注
			Ⅰ类	Ⅱ类	Ⅲ类	
2-108	1	300以内	130	140	160	制冷量116kW以内
2-109		500以内	160	170	185	制冷量580kW以内
2-110		1000以内	195	205	220	制冷量1160kW以内
2-111		1000以内	225	235	250	制冷量2320kW以内
2-112		1000以内	260	270	290	制冷量2900kW以内
2-113		1000以内	275	285	305	制冷量3480kW以内
2-114	2	1000以内	210	220	235	制冷量1160kW以内
2-115		1000以内	215	225	240	制冷量2320kW以内
2-116		1000以内	255	265	280	制冷量3480kW以内

3. 冷库、冷藏间工程

结构类型：现浇混凝土结构

编　号	层　数	建筑面积 （m²）	工　期（天）			备　注
			Ⅰ类	Ⅱ类	Ⅲ类	
2-117		500 以内	140	165	190	冷藏能力 100t 以内，包括工艺设备安装
2-118		1000 以内	155	180	205	冷藏能力 300t 以内，包括工艺设备安装
2-119	1	2000 以内	175	200	225	冷藏能力 500t 以内，包括工艺设备安装
2-120		3000 以内	195	220	245	冷藏能力 1000t 以内，包括工艺设备安装
2-121		5000 以内	215	240	265	冷藏能力 3000t 以内，包括工艺设备安装
2-122	2～3	3000 以内	215	240	270	冷藏能力 1000t 以内，包括工艺设备安装
2-123		5000 以内	240	265	295	冷藏能力 3000t 以内，包括工艺设备安装
2-124		5000 以内	260	285	315	冷藏能力 3000t 以内，包括工艺设备安装
2-125	4	7000 以内	280	305	335	冷藏能力 5000t 以内，包括工艺设备安装
2-126		10000 以内	305	330	360	冷藏能力 7000t 以内，包括工艺设备安装
2-127		7000 以内	300	325	355	冷藏能力 5000t 以内，包括工艺设备安装
2-128	5	10000 以内	330	355	385	冷藏能力 7000t 以内，包括工艺设备安装
2-129		15000 以内	355	380	410	低温库冷藏能力 9000t 以内（含部分高温库），包括工艺设备安装
2-130		10000 以内	350	375	405	低温库冷藏能力 7000t 以内（含部分高温库），包括工艺设备安装
2-131		15000 以内	375	400	430	低温库冷藏能力 9000t 以内（含部分高温库），包括工艺设备安装
2-132	6	20000 以内	400	425	455	低温库冷藏能力 9000t 以内（含部分高温库），包括工艺设备安装
2-133		25000 以内	430	455	485	低温库冷藏能力 10000t 以内（含部分高温库），包括工艺设备安装

编　号	层　数	建筑面积 （m²）	工　期（天）			备　注
			Ⅰ类	Ⅱ类	Ⅲ类	
2-134		15000 以内	400	425	455	低温库冷藏能力 9600t 以内（含部分高温库），包括工艺设备安装
2-135	7	20000 以内	425	450	480	低温库冷藏能力 9600t 以内（含部分高温库），包括工艺设备安装
2-136		25000 以内	460	485	515	低温库冷藏能力 10000t 以内（含部分高温库），包括工艺设备安装
2-137	8	20000 以内	455	480	510	低温库冷藏能力 15000～20000t 以内，或高温库 9000t 以内，包括工艺设备安装
2-138		25000 以内	480	505	535	低温库冷藏能力 15000～20000t 以内，或高温库 9000t 以内，包括工艺设备安装

4．空压机房工程

结构类型：砖混结构

编　号	层　数	建筑面积 （m²）	工　期（天）			备　注
			Ⅰ类	Ⅱ类	Ⅲ类	
2-139	1	150 以内	70	80	100	20m³/min 空压机 2 台以内
2-140	1	200 以内	85	95	110	20m³/min 空压机 3 台以内
2-141	1		95	105	120	40m³/min 空压机 2 台以内
2-142	1	300 以内	120	130	145	60m³/min 空压机 2 台以内
2-143	1		140	150	165	100m³/min 空压机 2 台以内
2-144	1		115	125	140	40m³/min 空压机 3 台以内
2-145	1	400 以内	145	155	170	60m³/min 空压机 3 台以内
2-146	1		170	180	195	100m³/min 空压机 3 台以内

结构类型：现浇混凝土结构

编　号	层　数	建筑面积 （m²）	工　期（天）			备　注
			Ⅰ类	Ⅱ类	Ⅲ类	
2-147	1	150 以内	85	95	110	20m³/min 空压机 2 台以内
2-148	1	200 以内	100	110	125	20m³/min 空压机 3 台以内
2-149	1		115	125	140	40m³/min 空压机 2 台以内
2-150	1	300 以内	140	150	165	60m³/min 空压机 2 台以内
2-151	1		165	175	190	100m³/min 空压机 2 台以内

编 号	层 数	建筑面积（m²）	工 期（天）			备 注
			Ⅰ类	Ⅱ类	Ⅲ类	
2-152	1		135	145	160	40m³/min 空压机 3 台以内
2-153	1	400 以内	170	180	195	60m³/min 空压机 3 台以内
2-154	1		200	210	225	100m³/min 空压机 3 台以内

5. 变电室工程

结构类型：砖混结构

编 号	层 数	建筑面积（m²）	工 期（天）			备 注
			Ⅰ类	Ⅱ类	Ⅲ类	
2-155		200 以内	65	75	85	10kV 容量 315（320）kV·A 变压器 2 台以内，低压柜 10 台以内，负荷开关两组
2-156		200 以内	90	100	110	10kV 容量 630（560）kV·A 变压器 2 台以内，高压柜 5 台以内，低压柜 10 台以内
2-157	1	300 以内	95	105	120	10kV 容量 800（750）kV·A 变压器 2 台以内，高压柜 7 台以内，低压柜 12 台以内
2-158		500 以内	110	120	135	10kV 容量 1000kV·A 变压器 2 台以内，高压柜 10 台以内，低压柜 20 台以内
2-159		700 以内	120	130	145	10kV 容量 1000kV·A 变压器 3 台以内，高压柜 15 台以内，低压柜 25 台以内
2-160		700 以内	145	155	175	10kV 容量 2000kV·A 变压器 3 台以内，高压柜 20 台以内，低压柜 30 台以内
2-161	2	1000 以内	150	160	180	10kV 容量 2000kV·A 变压器 4～6 台以内，高压柜 20 台以内，低压柜 30 台以内
2-162		2000 以内	190	205	225	35kV 容量 6300～10000kV·A 变压器 2 台以内，高压柜 20 台以内，低压柜 35 台以内

结构类型：现浇混凝土结构

编　号	层　数	建筑面积（m²）	工　期（天）			备　注
			Ⅰ类	Ⅱ类	Ⅲ类	
2-163	1	200 以内	80	90	105	10kV 容量 315（320）kV·A 变压器 2 台以内，低压柜 10 台以内，负荷开关两组
2-164		200 以内	105	115	130	10kV 容量 630（560）kV·A 变压器 2 台以内，高压柜 5 台以内，低压柜 10 台以内
2-165		300 以内	115	125	140	10kV 容量 800（750）kV·A 变压器 2 台以内，高压柜 7 台以内，低压柜 12 台以内
2-166		500 以内	130	140	155	10kV 容量 1000kV·A 变压器 2 台以内，高压柜 10 台以内，低压柜 20 台以内
2-167		700 以内	140	150	165	10kV 容量 1000kV·A 变压器 3 台以内，高压柜 15 台以内，低压柜 25 台以内
2-168	2	700 以内	170	180	195	10kV 容量 2000kV·A 变压器 3 台以内，高压柜 20 台以内，低压柜 30 台以内
2-169		1000 以内	185	195	210	10kV 容量 2000kV·A 变压器 4～6 台以内，高压柜 20 台以内，低压柜 30 台以内
2-170		2000 以内	230	240	255	35kV 容量 6300～10000kV·A 变压器 2 台以内，高压柜 20 台以内，低压柜 35 台以内

6．开闭所工程

结构类型：砖混结构

编　号	层　数	建筑面积（m²）	工　期（天）			备　注
			Ⅰ类	Ⅱ类	Ⅲ类	
2-171	1	300 以内	135	145	160	10kV 高压柜 20 台以内
2-172		500 以内	155	165	180	10kV 高压柜 30 台以内
2-173	2	500 以内	175	185	200	10kV 高压柜 35 台以内

结构类型：现浇混凝土结构

编　号	层　数	建筑面积（m²）	工　期（天）			备　注
			Ⅰ类	Ⅱ类	Ⅲ类	
2-174	1	300 以内	160	170	190	10kV 高压柜 20 台以内
2-175		500 以内	185	195	215	10kV 高压柜 30 台以内
2-176	2	500 以内	210	220	240	10kV 高压柜 35 台以内

7. 锅炉房工程

结构类型：砖混结构

编　号	层　数	建筑面积 (m²)	工　期（天）			备　注
			I 类	II 类	III 类	
2-177	1	500 以内	100	110	125	包括安装 6t 散装锅炉 3 台以内
2-178		1000 以内	135	145	160	包括安装 10t 散装锅炉 3 台以内
2-179		1500 以内	175	185	200	包括安装 20t 散装锅炉 2 台以内
2-180	2	1000 以内	175	185	200	包括安装 10t 散装锅炉 2 台以内
2-181		2000 以内	260	270	285	包括安装 20t 散装锅炉 2 台以内
2-182		3000 以内	305	315	330	包括安装 35t 散装锅炉 2 台以内

结构类型：现浇混凝土结构

编　号	层　数	建筑面积 (m²)	工　期（天）			备　注
			I 类	II 类	III 类	
2-183	2	1000 以内	220	230	260	包括安装 6t 散装锅炉 3 台以内
2-184		1500 以内	240	250	280	包括安装 10t 散装锅炉 3 台以内
2-185	3	2500 以内	255	265	295	包括安装 20t 散装锅炉 2 台以内
2-186			270	280	310	包括安装 35t 散装锅炉 2 台以内
2-187		3000 以内	275	285	315	包括安装 20t 散装锅炉 2 台以内
2-188			300	315	350	包括安装 35t 散装锅炉 2 台以内
2-189		3500 以内	330	350	385	包括安装 35t 散装锅炉 3 台以内
2-190		4000 以内	360	380	420	包括安装 35t 散装锅炉 4 台以内
2-191		5000 以内	375	400	440	包括安装 35t 散装锅炉 4 台以内

8. 服务用房工程

结构类型：砖混结构

编　号	层　数	建筑面积 (m²)	工　期（天）		
			I 类	II 类	III 类
2-192	1	100 以内	65	70	80
2-193		300 以内	70	75	85
2-194		500 以内	75	80	90
2-195		500 以外	80	85	95

编　号	层　数	建筑面积 (m²)	工　期（天）		
			Ⅰ类	Ⅱ类	Ⅲ类
2-196		300 以内	80	85	95
2-197	2	500 以内	85	90	100
2-198		1000 以内	95	100	110
2-199		1000 以外	105	110	120
2-200		500 以内	100	105	115
2-201	3	1000 以内	110	115	125
2-202		2000 以内	115	120	130
2-203		2000 以外	130	135	145

结构类型：现浇混凝土结构

编　号	层　数	建筑面积 (m²)	工　期（天）		
			Ⅰ类	Ⅱ类	Ⅲ类
2-204		100 以内	90	100	120
2-205	1	300 以内	95	105	125
2-206		500 以内	100	110	130
2-207		500 以外	110	120	140
2-208		300 以内	110	120	140
2-209	2	500 以内	115	125	145
2-210		1000 以内	120	130	150
2-211		1000 以外	130	140	160
2-212		500 以内	125	135	155
2-213	3	1000 以内	130	140	160
2-214		2000 以内	135	145	165
2-215		2000 以外	145	155	175

五、其他建筑工程

1. 汽车库（无地下室）

结构类型：现浇混凝土结构

编　号	层　数	建筑面积（m²）	工　期（天）		
			Ⅰ类	Ⅱ类	Ⅲ类
2-216	3以下	2000以内	155	165	180
2-217		4000以内	170	180	195
2-218		6000以内	185	195	210
2-219		6000以外	200	210	225
2-220	4	3000以内	180	190	205
2-221		6000以内	210	220	235
2-222		9000以内	225	235	250
2-223		12000以内	240	250	265
2-224		12000以外	260	270	285
2-225	5	4000以内	200	210	225
2-226		8000以内	220	230	245
2-227		12000以内	235	245	260
2-228		12000以外	250	260	275
2-229	6	5000以内	225	235	250
2-230		10000以内	260	270	285
2-231		15000以内	275	285	300
2-232		15000以外	290	300	315
2-233	7～8	8000以内	275	285	300
2-234		12000以内	290	300	315
2-235		16000以内	305	315	330
2-236		20000以内	320	330	345
2-237		20000以外	340	350	365

2．独立地下工程

结构类型：现浇混凝土结构

编　号	层　数	建筑面积（m²）	工　期（天）		
			Ⅰ类	Ⅱ类	Ⅲ类
2-238	1	300 以内	55	65	75
2-239		500 以内	65	75	85
2-240		1000 以内	85	95	105
2-241		2000 以内	105	115	130
2-242		2000 以外	125	135	150
2-243	2	500 以内	110	120	135
2-244		1000 以内	130	140	155
2-245		2000 以内	150	160	175
2-246		3000 以内	170	180	200
2-247		5000 以内	195	205	225
2-248		7000 以内	220	230	255
2-249		10000 以内	245	255	280
2-250		15000 以内	265	280	310
2-251		15000 以外	295	310	340
2-252	3	1000 以内	175	190	210
2-253		2000 以内	190	205	225
2-254		3000 以内	220	230	255
2-255		5000 以内	240	250	275
2-256		7000 以内	260	275	305
2-257		10000 以内	285	300	330
2-258		15000 以内	315	330	360
2-259		15000 以外	335	355	390

3．室外停车场（地基处理另行考虑）

结构类型：现浇混凝土结构

编　号	停车场面积（m²）	面　层	结构层厚度（cm）	工　期（天）		
				I 类	II 类	III 类
2-260	≤ 2000	柔性面层	≤ 40	30	32	35
2-261			> 40	43	45	48
2-262		刚性面层	≤ 40	38	40	43
2-263			> 40	47	49	52
2-264		块料面层	—	38	40	43
2-265	≤ 5000	柔性面层	≤ 40	38	40	43
2-266			> 40	47	49	52
2-267		刚性面层	≤ 40	47	49	52
2-268			> 40	55	57	60
2-269		块料面层	—	47	49	52
2-270	>5000	柔性面层	≤ 40	47	49	52
2-271			> 40	60	62	65
2-272		刚性面层	≤ 40	60	62	65
2-273			> 40	68	70	73
2-274		块料面层	—	55	57	60

4．园林庭院工程

编　号	面　积（m²）	工　期（天）		
		I 类	II 类	III 类
2-275	3000 以内	45	50	55
2-276	5000 以内	50	55	60
2-277	7000 以内	70	75	80
2-278	10000 以内	75	80	90
2-279	15000 以内	85	90	100
2-280	20000 以内	95	100	110
2-281	25000 以内	100	105	115
2-282	30000 以内	110	115	125
2-283	40000 以内	125	130	140
2-284	50000 以内	140	145	155
2-285	50000 以外	155	160	170

第三部分　构筑物工程

说　　明

一、本部分包括烟囱、水塔、钢筋混凝土贮水池、钢筋混凝土污水池、滑模筒仓、冷却塔等工程。

二、烟囱工程工期是按照钢筋混凝土结构考虑的，如采用砖砌体结构工程，其工期按相应高度钢筋混凝土烟囱工期定额乘以系数0.8。

三、水塔工程按照不保温结构考虑的，如增加保温内容，工期应增加10天。

一、烟囱

编 号	名 称	规 格	工 期（天）		
			Ⅰ类	Ⅱ类	Ⅲ类
3-1		高 30m 以内	60	65	70
3-2		高 45m 以内	75	80	85
3-3		高 60m 以内	95	100	110
3-4		高 80m 以内	120	125	135
3-5	钢筋混凝土烟囱	高 100m 以内	150	155	160
3-6		高 120m 以内	180	190	205
3-7		高 150m 以内	220	230	250
3-8		高 180m 以内	250	260	280
3-9		高 210m 以内	285	300	325
3-10		高 240m 以内	330	340	365

二、水　塔

编　号	名　称	规　格	工　期（天）			备注
			I 类	II 类	III 类	
3-11	砖混水塔	高 16m 以下，30t 以内	40	45	50	不保温
3-12		高 16m 以下，50t 以内	50	55	60	
3-13		高 20m 以下，80t 以内	60	65	70	
3-14		高 20m 以下，100t 以内	70	75	80	
3-15		高 20m 以下，150t 以内	80	85	95	
3-16		高 20m 以下，200t 以内	95	100	105	
3-17		高 24m 以下，80t 以内	65	70	75	
3-18		高 24m 以下，100t 以内	70	75	80	
3-19		高 24m 以下，150t 以内	85	90	100	
3-20		高 24m 以下，200t 以内	100	105	110	
3-21		高 28m 以下，80t 以内	70	75	80	
3-22		高 28m 以下，100t 以内	75	80	85	
3-23		高 28m 以下，150t 以内	85	95	105	
3-24		高 28m 以下，200t 以内	100	105	115	
3-25	钢筋混凝土水塔	高 16m 以下，30t 以内	35	40	45	不保温
3-26		高 16m 以下，50t 以内	40	45	50	
3-27		高 20m 以下，30t 以内	45	50	55	
3-28		高 20m 以下，50t 以内	50	55	60	
3-29		高 20m 以下，80t 以内	55	60	65	
3-30		高 20m 以下，100t 以内	70	75	80	
3-31		高 20m 以下，150t 以内	75	80	85	
3-32		高 20m 以下，200t 以内	85	90	100	
3-33		高 24m 以下，80t 以内	65	70	75	
3-34		高 24m 以下，100t 以内	75	80	85	
3-35		高 24m 以下，150t 以内	85	90	100	
3-36		高 24m 以下，200t 以内	95	100	105	
3-37		高 28m 以下，80t 以内	70	75	80	
3-38		高 28m 以下，100t 以内	80	85	95	
3-39		高 28m 以下，150t 以内	90	95	100	
3-40		高 28m 以下，200t 以内	100	105	110	
3-41		高 28m 以下，300t 以内	110	120	125	
3-42		高 28m 以下，400t 以内	125	135	145	
3-43		高 32m 以下，50t 以内	75	80	85	
3-44		高 32m 以下，100t 以内	90	100	110	
3-45		高 32m 以下，200t 以内	105	120	135	
3-46		高 32m 以下，300t 以内	120	135	150	
3-47		高 32m 以下，400t 以内	135	150	165	

三、钢筋混凝土贮水池

编 号	名 称	规 格	工 期（天）			备注
			Ⅰ类	Ⅱ类	Ⅲ类	
3-48	钢筋混凝土贮水池	500t 以内	80	85	95	封闭式，刚性防水
3-49		1000t 以内	105	110	120	
3-50		1500t 以内	130	135	145	
3-51		3500t 以内	160	165	175	
3-52		5000t 以内	190	195	210	
3-53		10000t 以内	220	225	240	
3-54		15000t 以内	250	260	280	
3-55		20000t 以内	290	295	320	

四、钢筋混凝土污水池

编　号	名　称	规　格	工　期（天）			备注
			Ⅰ类	Ⅱ类	Ⅲ类	
3-56		500t 以内	95	100	110	
3-57		1000t 以内	110	120	130	
3-58		1500t 以内	140	150	160	
3-59	钢筋混凝土污水池	3500t 以内	170	180	190	封闭式，刚性防水，内镶面砖
3-60		5000t 以内	200	210	220	
3-61		10000t 以内	230	240	255	
3-62		15000t 以内	265	275	295	
3-63		20000t 以内	300	315	335	

五、滑模筒仓

编 号	个 数 (个)	直 径 (m)	高 度 (m)	工 期 (天)		
				I 类	II 类	III 类
3-64	2 以下	10 以下	20 以内	110	115	125
3-65		10 以下	30 以内	120	125	130
3-66		15 以下	20 以内	120	125	135
3-67		15 以下	30 以内	125	130	140
3-68		15 以下	40 以内	130	135	145
3-69		15 以下	60 以内	145	150	155
3-70		20 以下	20 以内	125	130	140
3-71		20 以下	30 以内	130	135	145
3-72		20 以下	40 以内	140	145	155
3-73		20 以下	60 以内	150	155	160
3-74	4 以下	10 以下	20 以内	150	155	160
3-75		10 以下	30 以内	160	165	170
3-76		15 以下	20 以内	160	165	170
3-77		15 以下	30 以内	165	170	180
3-78		15 以下	40 以内	175	180	195
3-79		15 以下	60 以内	185	195	210
3-80		20 以下	20 以内	165	170	180
3-81		20 以下	30 以内	175	180	195
3-82		20 以下	40 以内	185	190	200
3-83		20 以下	60 以内	195	200	215
3-84	8 以下	10 以下	20 以内	210	215	230
3-85		10 以下	30 以内	215	220	235
3-86		10 以下	40 以内	220	230	245
3-87		10 以下	60 以内	230	245	265
3-88		15 以下	20 以内	215	220	235
3-89		15 以下	30 以内	220	230	250
3-90		15 以下	40 以内	230	240	255
3-91		15 以下	60 以内	245	255	280
3-92		20 以下	20 以内	220	230	250
3-93		20 以下	30 以内	230	240	260
3-94		20 以下	40 以内	240	250	270
3-95		20 以下	60 以内	255	270	295

编　　号	个　数（个）	直　　径（m）	高　　度（m）	工　　期（天）		
				Ⅰ类	Ⅱ类	Ⅲ类
3-96		10以下	20以内	265	275	295
3-97		10以下	30以内	275	285	305
3-98		10以下	40以内	285	295	315
3-99		10以下	60以内	305	315	335
3-100		15以下	20以内	275	285	305
3-101		15以下	30以内	285	295	315
3-102	12以下	15以下	40以内	295	305	325
3-103		15以下	60以内	315	320	345
3-104		20以下	20以内	285	295	315
3-105		20以下	30以内	295	305	325
3-106		20以下	40以内	300	310	330
3-107		20以下	60以内	320	330	350

六、冷 却 塔

编 号	名 称	规 格	工 期（天）		
			Ⅰ类	Ⅱ类	Ⅲ类
3-108	钢筋混凝土冷却塔	高 50m 以内	175	185	205
3-109		高 80m 以内	230	250	270
3-110		高 100m 以内	290	320	350
3-111		高 120m 以内	390	420	470
3-112		高 150m 以内	490	530	585

第四部分　专　业　工　程

说　　明

一、本部分包括机械土方工程、桩基工程、装饰装修工程、设备安装工程、机械吊装工程、钢结构工程。

二、机械土方工程工期按不同挖深、土方量列项，包含土方开挖和运输。除基础采用逆作法施工的工期由甲、乙双方协商确定外，实际采用不同机械和施工方法时，不做调整。开工日期从破土开挖起开始计算，不包括开工前的准备工作时间。

三、桩基工程工期依据不同土的类别条件编制，土的分类参照《房屋建筑与装饰工程工程量计算规范》GB 50854—2013，见下表。

土的分类表

土 的 分 类	土 的 名 称
Ⅰ、Ⅱ类土	粉土、砂土（粉砂、细砂、中砂、粗砂、砾砂）、粉质黏土、弱中盐渍土、软土（淤泥质土、泥炭、泥炭质土）、软塑红黏土、冲填土
Ⅲ类土	黏土、碎石土（圆砾、角砾）混合土、可塑红黏土、硬塑红黏土、强盐渍土、素填土、压实填土
Ⅳ类土	碎石土（卵石、碎石、漂石、块石）、坚硬红黏土、超盐渍土、杂填土

注：1. 冲孔桩、钻孔桩穿岩层或入岩层时应当增加工期。

2. 钻孔扩底灌注桩按同条件钻孔灌注桩工期乘以系数1.10计算。

3. 同一工程采用不同成孔方式同时施工时，各自计算工期取最大值。

打桩开工日期以打第一根桩开始计算，包括桩的现场搬运、就位、打桩、压桩、接桩、送桩和钢筋笼制作安装等工作内容；不包括施工准备、机械进场、试桩、检验检测时间。

预制混凝土桩的工期不区分施工工艺。

四、装饰装修工程按照装饰装修空间划分为室内装饰装修工程和外墙装饰装修工程。

住宅、其他公共建筑及科技厂房工程按照设计使用年限、功能用途、材料设备选用、装饰工艺、环境舒适度划分为三个等级，分别为一般装修、中级装修和高级装修，等级标准详见第一部分装修标准划分表。宾馆（饭店）装饰装修工程装修标准按《中华人民共和国星级酒店评定标准》确定。装饰装修工程不包括超高层。

对原建筑室内、外墙装饰装修有拆除要求的室内、外墙改造或改建的装饰装修工程，拆除原装饰装修层及垃圾外运工期另行计算。

（一）室内装饰装修工程工期说明：

1. 室内装饰装修工程内容包括：建筑物内空间范围的楼地面、天棚、墙柱面、门窗、室内隔断、厨房及厨具、卫生间及洁具、室内绿化等以及与室内装饰装修工程有关及相应项目。

2. 室内装饰装修工程工期中所指建筑面积是指装饰装修施工部分范围空间内的建筑面积。

3. 室内装饰装修工程已综合考虑建筑物的地上、地下部分和楼层层数对施工工期的影响。

4. 室内装饰装修工程按使用功能用途分为以下三类计算工期：

（1）住宅装饰装修工程：包括住宅、公寓等建筑物室内装饰装修工程；

（2）宾馆、酒店、饭店装饰装修工程：包括宾馆、酒店、饭店、旅馆、酒吧、餐厅、会所、娱乐场所等建筑物的室内装饰装修工程；

（3）公共建筑装饰装修工程：包括办公楼、写字楼、商场、学校、幼儿园、养老院、影剧院、体育馆、展览馆、机场航站楼、火车站、汽车站等建筑物的室内装饰装修工程。

（二）外墙装饰装修工程工期说明：

1．外墙装饰装修工程的内容包括：外墙抹灰、外墙保温层、涂料、油漆、面砖、石材、幕墙、门窗、门楼雨篷、广告招牌、装饰造型、照明电气等外墙装饰装修形式。

2．外墙装饰装修工程工期中所指外墙装饰装修高度是指室外地坪至外墙装饰装修最高点的垂直高度，外墙装饰装修面积是指进行装饰装修施工的外墙展开面积。

3．外墙装饰装修工程是按一般装修编制的，中级装修按照相应工期乘以系数 1.20 计算，高级装修按照相应工期乘以系数 1.40 计算。

五、设备安装工程包括变电室、开闭所、降压站、发电机房、空压站、消防自动报警系统、消防灭火系统、锅炉房、热力站、通风空调系统、冷冻机房、冷库、冷藏间、起重机和金属容器安装工程。工期计算从专业安装工程具备连续施工条件起，至完成承担的全部设计内容的日历天数。设备安装工程中的给水排水、电气、弱电及预留、预埋工程已综合考虑在建筑工程总工期中，不再单独列项。本工期不包括室外工程、主要设备订货和第三方有偿检测的工程内容。

六、机械吊装工程包括构件吊装工程和网架吊装工程。构件吊装工程包括梁、柱、板、屋架、天窗架、支撑、楼梯、阳台等构件的现场搬运、就位、拼装、吊装、焊接等（后张法不包括开工前的准备工作、钢筋张拉和孔道灌浆）。网架吊装工程包括就位、拼装、焊接、架子搭设、安装等，不包括下料、喷漆。工期计算已综合考虑各种施工工艺，实际使用不做调整。

七、钢结构安装工程工期是指钢结构现场拼装和安装、油漆等施工工期，不包括建筑的现浇混凝土结构和其他专业工程如装修、设备安装等的施工工期，不包括钢结构深化设计、构件制作工期。

一、机械土方工程

编 号	挖 深（m）	工程量（m³）	工 期（天）		
			Ⅰ、Ⅱ类土	Ⅲ类土	Ⅳ类土
4-1	5以内	2000以内	4	5	7
4-2		3000以内	5	6	8
4-3		4000以内	6	7	9
4-4		5000以内	7	8	10
4-5		6000以内	8	9	12
4-6		7000以内	9	10	13
4-7		8000以内	10	11	14
4-8		9000以内	12	13	16
4-9		10000以内	14	15	18
4-10		12000以内	16	17	20
4-11		14000以内	18	19	22
4-12		16000以内	22	24	27
4-13		18000以内	25	27	30
4-14		20000以内	27	29	32
4-15		25000以内	33	35	38
4-16		30000以内	38	40	43
4-17		40000以内	48	50	53
4-18		50000以内	58	60	63
4-19	10以内	5000以内	10	12	15
4-20		6000以内	11	13	16
4-21		7000以内	12	14	17
4-22		8000以内	13	15	18
4-23		9000以内	14	16	19
4-24		10000以内	16	18	21
4-25		12000以内	18	20	23
4-26		14000以内	20	22	25
4-27		16000以内	23	25	28
4-28		18000以内	27	30	32
4-29		20000以内	32	34	36
4-30		25000以内	38	41	43

编　号	挖　深（m）	工程量（m³）	工　期（天）		
			Ⅰ、Ⅱ类土	Ⅲ类土	Ⅳ类土
4-31	10以内	30000以内	45	48	50
4-32		35000以内	52	55	58
4-33		40000以内	58	62	64
4-34		50000以内	68	72	74
4-35		60000以内	78	82	84
4-36		70000以内	88	92	94
4-37		80000以内	98	102	104
4-38		90000以内	108	112	114
4-39		100000以内	118	122	124
4-40	10以外	10000以内	19	20	23
4-41		12000以内	22	23	26
4-42		14000以内	25	26	29
4-43		16000以内	28	30	33
4-44		18000以内	33	36	38
4-45		20000以内	36	38	40
4-46		25000以内	43	46	48
4-47		30000以内	50	53	56
4-48		35000以内	54	57	60
4-49		40000以内	62	65	67
4-50		45000以内	67	70	73
4-51		50000以内	72	75	78
4-52		60000以内	82	85	87
4-53		70000以内	92	95	98
4-54		80000以内	102	105	108
4-55		90000以内	112	115	118
4-56		100000以内	122	125	128
4-57		150000以内	172	175	178

二、桩基工程

1．预制混凝土桩

编　号	桩　深（m）	工程量（根）	工　期（天）		
			Ⅰ、Ⅱ类土	Ⅲ类土	Ⅳ类土
4-58		100 以内	11	12	15
4-59		150 以内	16	17	20
4-60		200 以内	21	23	26
4-61		250 以内	24	25	28
4-62		300 以内	27	28	31
4-63		350 以内	29	30	33
4-64		400 以内	31	32	35
4-65		450 以内	32	33	36
4-66		500 以内	33	34	37
4-67	15 以内	550 以内	35	36	39
4-68		600 以内	36	37	40
4-69		650 以内	38	39	42
4-70		700 以内	40	41	44
4-71		750 以内	41	42	45
4-72		800 以内	45	46	49
4-73		850 以内	47	48	51
4-74		900 以内	49	50	53
4-75		950 以内	51	52	55
4-76		1000 以内	52	53	56
4-77		100 以内	13	14	17
4-78		150 以内	19	20	23
4-79		200 以内	25	26	29
4-80		250 以内	28	29	32
4-81		300 以内	31	32	35
4-82		350 以内	34	35	38
4-83		400 以内	36	37	40
4-84		450 以内	38	39	42
4-85		500 以内	39	40	43
4-86	20 以内	550 以内	40	41	44
4-87		600 以内	42	43	46
4-88		650 以内	43	44	47
4-89		700 以内	44	45	48
4-90		750 以内	45	46	49
4-91		800 以内	48	49	52
4-92		850 以内	49	50	53
4-93		900 以内	51	52	55
4-94		950 以内	53	54	57
4-95		1000 以内	57	58	61

编 号	桩 深 (m)	工程量（根）	工 期（天）		
			Ⅰ、Ⅱ类土	Ⅲ类土	Ⅳ类土
4-96		100 以内	14	15	18
4-97		150 以内	21	22	25
4-98		200 以内	28	29	32
4-99		250 以内	32	33	36
4-100		300 以内	35	36	39
4-101		350 以内	37	38	41
4-102		400 以内	40	41	44
4-103		450 以内	42	43	46
4-104		500 以内	43	44	47
4-105	25 以内	550 以内	45	46	49
4-106		600 以内	46	47	50
4-107		650 以内	48	49	52
4-108		700 以内	49	50	53
4-109		750 以内	50	51	54
4-110		800 以内	51	52	55
4-111		850 以内	52	53	56
4-112		900 以内	53	54	57
4-113		950 以内	55	56	59
4-114		1000 以内	59	60	63
4-115		100 以内	15	16	19
4-116		150 以内	22	23	26
4-117		200 以内	30	31	34
4-118		250 以内	34	35	38
4-119		300 以内	37	38	41
4-120		350 以内	40	41	44
4-121		400 以内	43	44	47
4-122		450 以内	45	46	49
4-123		500 以内	47	48	51
4-124	30 以内	550 以内	49	50	53
4-125		600 以内	50	51	54
4-126		650 以内	51	52	55
4-127		700 以内	52	53	56
4-128		750 以内	54	55	58
4-129		800 以内	55	56	59
4-130		850 以内	56	57	60
4-131		900 以内	57	58	61
4-132		950 以内	58	59	62
4-133		1000 以内	60	61	64

编　号	桩　深（m）	工程量（根）	工　期（天）		
			Ⅰ、Ⅱ类土	Ⅲ类土	Ⅳ类土
4-134		100 以内	16	17	20
4-135		150 以内	24	25	28
4-136		200 以内	32	33	36
4-137		250 以内	36	37	40
4-138		300 以内	40	41	44
4-139		350 以内	43	44	47
4-140		400 以内	45	46	49
4-141		450 以内	48	49	51
4-142		500 以内	50	51	54
4-143	35 以内	550 以内	51	52	55
4-144		600 以内	53	54	57
4-145		650 以内	54	55	58
4-146		700 以内	56	57	60
4-147		750 以内	57	58	61
4-148		800 以内	58	59	62
4-149		850 以内	59	60	63
4-150		900 以内	60	61	64
4-151		950 以内	61	62	65
4-152		1000 以内	62	63	66
4-153		100 以内	17	18	21
4-154		150 以内	25	26	29
4-155		200 以内	33	34	37
4-156		250 以内	38	39	42
4-157		300 以内	42	43	46
4-158		350 以内	45	46	49
4-159		400 以内	48	49	52
4-160		450 以内	50	51	54
4-161		500 以内	52	53	56
4-162	40 以内	550 以内	54	55	58
4-163		600 以内	56	57	60
4-164		650 以内	57	58	61
4-165		700 以内	58	59	62
4-166		750 以内	60	61	64
4-167		800 以内	61	62	65
4-168		850 以内	62	63	66
4-169		900 以内	63	64	67
4-170		950 以内	64	65	68
4-171		1000 以内	66	67	70

2．钻孔灌注桩

编　号	桩　深 (m)	直　径 (cm)	工程量（根）	工　期（天）		
				Ⅰ、Ⅱ类土	Ⅲ类土	Ⅳ类土
4-172			100 以内	7	8	9
4-173			150 以内	9	10	12
4-174			200 以内	12	13	15
4-175			250 以内	14	15	17
4-176			300 以内	17	18	20
4-177			350 以内	20	21	23
4-178			400 以内	22	24	27
4-179			450 以内	26	28	31
4-180			500 以内	29	31	34
4-181	12 以内	Φ60	550 以内	31	33	36
4-182			600 以内	35	37	40
4-183			650 以内	39	41	44
4-184			700 以内	41	43	46
4-185			750 以内	45	47	50
4-186			800 以内	48	50	53
4-187			850 以内	51	53	56
4-188			900 以内	55	57	60
4-189			950 以内	58	61	64
4-190			1000 以内	61	64	67
4-191			100 以内	8	9	10
4-192			150 以内	10	11	13
4-193			200 以内	13	14	16
4-194			250 以内	15	16	18
4-195			300 以内	18	19	22
4-196			350 以内	22	23	25
4-197			400 以内	24	26	29
4-198			450 以内	28	30	33
4-199			500 以内	31	33	36
4-200	14 以内	Φ60	550 以内	35	37	40
4-201			600 以内	38	40	43
4-202			650 以内	41	43	46
4-203			700 以内	45	48	51
4-204			750 以内	49	52	55
4-205			800 以内	52	55	58
4-206			850 以内	56	59	62
4-207			900 以内	58	61	64
4-208			950 以内	62	65	68
4-209			1000 以内	66	69	72

编　号	桩　深 (m)	直　径 (cm)	工程量（根）	工　期（天）		
				Ⅰ、Ⅱ类土	Ⅲ类土	Ⅳ类土
4-210	16以内	Φ60	100以内	10	11	12
4-211			150以内	12	13	16
4-212			200以内	15	16	19
4-213			250以内	18	19	22
4-214			300以内	22	23	26
4-215			350以内	25	27	30
4-216			400以内	29	31	35
4-217			450以内	33	35	38
4-218			500以内	37	39	42
4-219			550以内	40	43	47
4-220			600以内	45	48	52
4-221			650以内	49	52	55
4-222			700以内	53	56	60
4-223			750以内	58	61	64
4-224			800以内	61	64	67
4-225			850以内	65	68	72
4-226			900以内	69	72	76
4-227			950以内	74	77	80
4-228			1000以内	77	80	83
4-229	12以内	Φ80	100以内	11	12	15
4-230			150以内	14	15	20
4-231			200以内	20	21	26
4-232			250以内	24	26	32
4-233			300以内	30	32	36
4-234			350以内	35	37	41
4-235			400以内	40	42	48
4-236			450以内	46	48	53
4-237			500以内	51	53	58
4-238			550以内	57	59	64
4-239			600以内	62	64	70
4-240			650以内	68	70	75
4-241			700以内	74	76	81
4-242			750以内	79	81	86
4-243			800以内	85	87	92
4-244			850以内	90	92	98
4-245			900以内	96	98	103
4-246			950以内	102	104	109
4-247			1000以内	107	109	114

编 号	桩 深 (m)	直 径 (cm)	工程量（根）	工　期（天）		
				Ⅰ、Ⅱ类土	Ⅲ类土	Ⅳ类土
4-248			100 以内	12	14	19
4-249			150 以内	21	24	30
4-250			200 以内	27	30	37
4-251			250 以内	34	37	43
4-252			300 以内	41	45	52
4-253			350 以内	48	52	58
4-254			400 以内	54	58	65
4-255			450 以内	61	65	73
4-256			500 以内	69	73	80
4-257	16 以内	Φ80	550 以内	77	81	88
4-258			600 以内	84	88	95
4-259			650 以内	91	96	104
4-260			700 以内	99	104	111
4-261			750 以内	106	111	119
4-262			800 以内	114	116	123
4-263			850 以内	122	127	134
4-264			900 以内	129	134	141
4-265			950 以内	136	141	149
4-266			1000 以内	144	149	156
4-267			100 以内	13	15	20
4-268			150 以内	22	25	31
4-269			200 以内	28	31	38
4-270			250 以内	35	38	44
4-271			300 以内	42	46	53
4-272			350 以内	49	53	59
4-273			400 以内	52	56	63
4-274			450 以内	55	59	67
4-275			500 以内	70	74	81
4-276	20 以内	Φ80	550 以内	78	82	89
4-277			600 以内	85	89	96
4-278			650 以内	92	97	105
4-279			700 以内	100	105	112
4-280			750 以内	107	112	120
4-281			800 以内	115	117	124
4-282			850 以内	123	128	135
4-283			900 以内	130	135	142
4-284			950 以内	137	142	150
4-285			1000 以内	145	150	157

编　　号	桩　深 (m)	直　径 (cm)	工程量（根）	工　期（天）		
				Ⅰ、Ⅱ类土	Ⅲ类土	Ⅳ类土
4-286			100 以内	14	16	21
4-287			150 以内	24	27	33
4-288			200 以内	30	33	40
4-289			250 以内	37	40	46
4-290			300 以内	44	48	55
4-291			350 以内	51	55	61
4-292			400 以内	54	58	65
4-293			450 以内	57	61	69
4-294			500 以内	72	76	83
4-295	25 以内	Φ80	550 以内	80	84	91
4-296			600 以内	87	91	98
4-297			650 以内	94	99	107
4-298			700 以内	102	107	114
4-299			750 以内	109	114	122
4-300			800 以内	117	119	126
4-301			850 以内	125	130	137
4-302			900 以内	132	137	144
4-303			950 以内	139	144	152
4-304			1000 以内	147	152	159
4-305			100 以内	15	17	22
4-306			150 以内	25	28	34
4-307			200 以内	31	34	41
4-308			250 以内	38	41	47
4-309			300 以内	45	49	56
4-310			350 以内	52	56	62
4-311			400 以内	55	59	66
4-312			450 以内	58	62	70
4-313			500 以内	73	77	84
4-314	30 以内	Φ80	550 以内	81	85	92
4-315			600 以内	88	92	99
4-316			650 以内	95	100	108
4-317			700 以内	103	108	115
4-318			750 以内	110	115	123
4-319			800 以内	118	123	130
4-320			850 以内	126	131	138
4-321			900 以内	133	138	145
4-322			950 以内	140	145	153
4-323			1000 以内	148	153	160

编 号	桩深 (m)	直径 (cm)	工程量（根）	工 期（天） I、Ⅱ类土	Ⅲ类土	Ⅳ类土
4-324			100 以内	17	19	24
4-325			150 以内	27	30	36
4-326			200 以内	33	36	43
4-327			250 以内	40	43	49
4-328			300 以内	47	51	58
4-329			350 以内	56	60	63
4-330			400 以内	59	63	70
4-331			450 以内	61	65	73
4-332			500 以内	75	79	86
4-333	35 以内	Φ80	550 以内	83	87	94
4-334			600 以内	90	94	101
4-335			650 以内	97	102	110
4-336			700 以内	105	110	117
4-337			750 以内	112	117	125
4-338			800 以内	120	122	129
4-339			850 以内	128	133	140
4-340			900 以内	135	140	147
4-341			950 以内	142	147	155
4-342			1000 以内	150	155	162
4-343			100 以内	18	20	25
4-344			150 以内	28	31	37
4-345			200 以内	34	37	44
4-346			250 以内	41	44	50
4-347			300 以内	48	52	59
4-348			350 以内	57	61	64
4-349			400 以内	60	64	71
4-350			450 以内	62	66	74
4-351			500 以内	76	80	87
4-352	40 以内	Φ80	550 以内	84	88	95
4-353			600 以内	92	96	103
4-354			650 以内	99	104	112
4-355			700 以内	107	112	119
4-356			750 以内	114	119	127
4-357			800 以内	122	124	131
4-358			850 以内	130	135	142
4-359			900 以内	137	142	149
4-360			950 以内	144	149	157
4-361			1000 以内	152	157	164

编 号	桩 深 (m)	直 径 (cm)	工程量（根）	工 期（天）		
				Ⅰ、Ⅱ类土	Ⅲ类土	Ⅳ类土
4-362			100 以内	14	16	21
4-363			150 以内	20	23	29
4-364			200 以内	26	29	36
4-365			250 以内	33	36	42
4-366			300 以内	40	44	51
4-367			350 以内	47	51	57
4-368			400 以内	53	57	64
4-369			450 以内	60	64	72
4-370			500 以内	68	72	79
4-371	16 以内	Φ100	550 以内	76	80	87
4-372			600 以内	83	87	94
4-373			650 以内	90	95	103
4-374			700 以内	98	103	110
4-375			750 以内	105	110	118
4-376			800 以内	113	119	126
4-377			850 以内	121	126	133
4-378			900 以内	128	133	140
4-379			950 以内	135	140	148
4-380			1000 以内	143	148	155
4-381			100 以内	15	17	22
4-382			150 以内	24	27	33
4-383			200 以内	30	33	40
4-384			250 以内	37	40	46
4-385			300 以内	44	48	55
4-386			350 以内	51	55	61
4-387			400 以内	54	58	65
4-388			450 以内	57	61	69
4-389			500 以内	72	76	83
4-390	25 以内	Φ100	550 以内	80	84	91
4-391			600 以内	87	91	98
4-392			650 以内	94	99	107
4-393			700 以内	102	107	114
4-394			750 以内	109	114	122
4-395			800 以内	114	116	123
4-396			850 以内	125	130	137
4-397			900 以内	132	137	144
4-398			950 以内	139	144	152
4-399			1000 以内	147	152	159

编　号	桩深 (m)	直径 (cm)	工程量（根）	工　期（天）		
				Ⅰ、Ⅱ类土	Ⅲ类土	Ⅳ类土
4-400	30以内	Φ100	100以内	16	18	23
4-401			150以内	25	28	34
4-402			200以内	31	34	41
4-403			250以内	38	41	47
4-404			300以内	45	49	56
4-405			350以内	52	56	62
4-406			400以内	55	59	66
4-407			450以内	58	62	68
4-408			500以内	73	77	84
4-409			550以内	81	85	92
4-410			600以内	88	92	99
4-411			650以内	95	100	108
4-412			700以内	103	108	115
4-413			750以内	110	115	123
4-414			800以内	118	123	130
4-415			850以内	126	131	138
4-416			900以内	133	138	145
4-417			950以内	140	145	153
4-418			1000以内	148	153	160
4-419	35以内	Φ100	100以内	17	19	24
4-420			150以内	26	29	35
4-421			200以内	32	35	42
4-422			250以内	39	42	48
4-423			300以内	46	50	57
4-424			350以内	53	57	63
4-425			400以内	56	60	67
4-426			450以内	64	68	76
4-427			500以内	74	78	85
4-428			550以内	82	86	93
4-429			600以内	89	93	100
4-430			650以内	96	101	109
4-431			700以内	104	109	116
4-432			750以内	111	116	124
4-433			800以内	119	121	128
4-434			850以内	127	132	139
4-435			900以内	134	139	146
4-436			950以内	141	146	154
4-437			1000以内	149	154	161

编　号	桩深 (m)	直径 (cm)	工程量（根）	工　期（天）		
				Ⅰ、Ⅱ类土	Ⅲ类土	Ⅳ类土
4-438			100 以内	18	20	25
4-439			150 以内	27	30	36
4-440			200 以内	33	36	43
4-441			250 以内	40	43	49
4-442			300 以内	47	51	58
4-443			350 以内	56	60	66
4-444			400 以内	59	63	70
4-445			450 以内	61	65	73
4-446			500 以内	75	79	86
4-447	40 以内	Φ100	550 以内	83	87	94
4-448			600 以内	90	94	101
4-449			650 以内	97	102	110
4-450			700 以内	105	110	117
4-451			750 以内	112	117	125
4-452			800 以内	120	122	129
4-453			850 以内	128	133	140
4-454			900 以内	135	140	147
4-455			950 以内	142	147	155
4-456			1000 以内	150	155	162

3．冲孔灌注桩

编　号	桩深 (m)	直　径 (cm)	工程量（根）	工　期（天）		
				Ⅰ、Ⅱ类土	Ⅲ类土	Ⅳ类土
4-457			100 以内	14	15	19
4-458			150 以内	18	19	23
4-459			200 以内	24	25	29
4-460			250 以内	29	30	34
4-461			300 以内	34	35	39
4-462			350 以内	39	40	44
4-463			400 以内	44	45	49
4-464			450 以内	50	51	55
4-465			500 以内	55	56	60
4-466	12 以内	Φ80	550 以内	61	62	66
4-467			600 以内	66	67	71
4-468			650 以内	72	73	77
4-469			700 以内	78	79	83
4-470			750 以内	83	84	88
4-471			800 以内	89	90	94
4-472			850 以内	94	95	99
4-473			900 以内	100	101	105
4-474			950 以内	106	107	111
4-475			1000 以内	111	112	116

编　号	桩　深 (m)	直　径 (cm)	工程量（根）	工　期（天）		
				Ⅰ、Ⅱ类土	Ⅲ类土	Ⅳ类土
4-476			100 以内	15	16	20
4-477			150 以内	24	25	29
4-478			200 以内	30	31	35
4-479			250 以内	37	38	42
4-480			300 以内	44	45	49
4-481			350 以内	51	52	56
4-482			400 以内	57	58	62
4-483			450 以内	64	65	69
4-484			500 以内	72	73	77
4-485	16 以内	Φ80	550 以内	80	81	85
4-486			600 以内	87	88	92
4-487			650 以内	94	95	99
4-488			700 以内	102	103	107
4-489			750 以内	109	110	114
4-490			800 以内	117	118	122
4-491			850 以内	125	126	130
4-492			900 以内	132	133	137
4-493			950 以内	139	140	144
4-494			1000 以内	147	148	152
4-495			100 以内	16	17	21
4-496			150 以内	25	26	30
4-497			200 以内	31	32	36
4-498			250 以内	38	39	43
4-499			300 以内	45	46	50
4-500			350 以内	52	53	57
4-501			400 以内	58	59	63
4-502			450 以内	65	66	70
4-503			500 以内	73	74	78
4-504	20 以内	Φ80	550 以内	81	82	86
4-505			600 以内	88	89	93
4-506			650 以内	95	96	100
4-507			700 以内	103	104	108
4-508			750 以内	110	111	115
4-509			800 以内	118	119	123
4-510			850 以内	126	127	131
4-511			900 以内	133	134	138
4-512			950 以内	140	141	145
4-513			1000 以内	148	149	153

编 号	桩 深（m）	直 径（cm）	工程量（根）	工 期（天）		
				Ⅰ、Ⅱ类土	Ⅲ类土	Ⅳ类土
4-514	25 以内	Φ80	100 以内	17	18	22
4-515			150 以内	26	27	31
4-516			200 以内	32	33	37
4-517			250 以内	39	40	44
4-518			300 以内	46	47	51
4-519			350 以内	53	54	58
4-520			400 以内	56	57	61
4-521			450 以内	59	60	64
4-522			500 以内	74	75	79
4-523			550 以内	82	83	87
4-524			600 以内	89	90	94
4-525			650 以内	96	97	101
4-526			700 以内	104	105	109
4-527			750 以内	111	112	116
4-528			800 以内	119	120	124
4-529			850 以内	127	128	132
4-530			900 以内	134	135	139
4-531			950 以内	141	142	146
4-532			1000 以内	149	150	154
4-533	30 以内	Φ80	100 以内	18	19	23
4-534			150 以内	28	29	33
4-535			200 以内	34	35	39
4-536			250 以内	41	42	46
4-537			300 以内	48	49	53
4-538			350 以内	55	56	60
4-539			400 以内	58	59	63
4-540			450 以内	61	62	66
4-541			500 以内	76	77	81
4-542			550 以内	84	85	89
4-543			600 以内	91	92	96
4-544			650 以内	98	99	103
4-545			700 以内	107	108	112
4-546			750 以内	113	114	118
4-547			800 以内	121	122	126
4-548			850 以内	129	130	134
4-549			900 以内	136	137	141
4-550			950 以内	143	144	148
4-551			1000 以内	151	152	156

编　号	桩　深 （m）	直　径 （cm）	工程量（根）	工　期（天）		
				Ⅰ、Ⅱ类土	Ⅲ类土	Ⅳ类土
4-552			100 以内	19	20	24
4-553			150 以内	29	30	34
4-554			200 以内	35	36	40
4-555			250 以内	42	43	47
4-556			300 以内	49	50	54
4-557			350 以内	56	57	61
4-558			400 以内	59	60	64
4-559			450 以内	62	63	67
4-560			500 以内	77	78	82
4-561	35 以内	Φ80	550 以内	85	86	90
4-562			600 以内	92	93	97
4-563			650 以内	99	100	104
4-564			700 以内	107	108	112
4-565			750 以内	114	115	119
4-566			800 以内	122	123	127
4-567			850 以内	130	131	135
4-568			900 以内	137	138	142
4-569			950 以内	144	145	149
4-570			1000 以内	152	153	157
4-571			100 以内	21	22	26
4-572			150 以内	31	32	36
4-573			200 以内	37	38	42
4-574			250 以内	44	45	49
4-575			300 以内	51	52	56
4-576			350 以内	60	61	65
4-577			400 以内	63	64	68
4-578			450 以内	65	66	70
4-579			500 以内	79	80	84
4-580	40 以内	Φ80	550 以内	87	88	92
4-581			600 以内	94	95	99
4-582			650 以内	101	102	106
4-583			700 以内	109	110	114
4-584			750 以内	116	117	121
4-585			800 以内	124	125	129
4-586			850 以内	132	133	137
4-587			900 以内	139	140	144
4-588			950 以内	146	147	151
4-589			1000 以内	154	155	159

编 号	桩 深 (m)	直 径 (cm)	工程量（根）	工 期（天）		
				Ⅰ、Ⅱ类土	Ⅲ类土	Ⅳ类土
4-590			100 以内	26	27	31
4-591			150 以内	37	38	42
4-592			200 以内	42	43	47
4-593			250 以内	50	51	55
4-594			300 以内	56	57	61
4-595			350 以内	61	62	66
4-596			400 以内	67	68	72
4-597			450 以内	72	73	77
4-598			500 以内	81	82	86
4-599	15 以内	Φ100	550 以内	90	91	95
4-600			600 以内	99	100	104
4-601			650 以内	108	109	113
4-602			700 以内	117	118	122
4-603			750 以内	126	127	131
4-604			800 以内	135	136	140
4-605			850 以内	144	145	149
4-606			900 以内	153	154	158
4-607			950 以内	162	163	167
4-608			1000 以内	171	172	176
4-609			100 以内	30	31	35
4-610			150 以内	42	43	47
4-611			200 以内	48	49	53
4-612			250 以内	55	56	60
4-613			300 以内	62	63	67
4-614			350 以内	68	69	73
4-615			400 以内	72	73	77
4-616			450 以内	78	79	83
4-617			500 以内	87	88	92
4-618	25 以内	Φ100	550 以内	96	97	101
4-619			600 以内	105	106	110
4-620			650 以内	114	115	119
4-621			700 以内	123	124	128
4-622			750 以内	132	133	137
4-623			800 以内	141	142	146
4-624			850 以内	150	151	155
4-625			900 以内	159	160	164
4-626			950 以内	168	169	173
4-627			1000 以内	177	178	182

编　号	桩　深 (m)	直　径 (cm)	工程量（根）	工　期（天）		
				Ⅰ、Ⅱ类土	Ⅲ类土	Ⅳ类土
4-628			100 以内	32	33	37
4-629			150 以内	44	45	49
4-630			200 以内	51	52	56
4-631			250 以内	59	60	64
4-632			300 以内	65	66	70
4-633			350 以内	69	70	74
4-634			400 以内	75	76	80
4-635			450 以内	82	83	87
4-636			500 以内	91	92	96
4-637	30 以内	Φ100	550 以内	100	101	105
4-638			600 以内	109	110	114
4-639			650 以内	118	119	123
4-640			700 以内	127	128	132
4-641			750 以内	136	137	141
4-642			800 以内	145	146	150
4-643			850 以内	154	155	159
4-644			900 以内	163	164	168
4-645			950 以内	172	173	177
4-646			1000 以内	181	182	186
4-647			100 以内	34	35	39
4-648			150 以内	46	47	51
4-649			200 以内	53	54	58
4-650			250 以内	61	62	66
4-651			300 以内	67	68	72
4-652			350 以内	71	72	76
4-653			400 以内	77	78	82
4-654			450 以内	84	85	89
4-655			500 以内	93	94	98
4-656	35 以内	Φ100	550 以内	102	103	107
4-657			600 以内	111	112	116
4-658			650 以内	120	121	125
4-659			700 以内	129	130	134
4-660			750 以内	138	139	143
4-661			800 以内	147	148	152
4-662			850 以内	156	157	161
4-663			900 以内	165	166	170
4-664			950 以内	174	175	179
4-665			1000 以内	183	184	188

编　号	桩　深 （m）	直　径 （cm）	工程量（根）	工　期（天）		
				Ⅰ、Ⅱ类土	Ⅲ类土	Ⅳ类土
4-666			100 以内	36	37	41
4-667			150 以内	48	49	53
4-668			200 以内	55	56	60
4-669			250 以内	63	64	68
4-670			300 以内	69	70	74
4-671			350 以内	73	74	78
4-672			400 以内	79	80	84
4-673			450 以内	87	88	92
4-674			500 以内	96	97	101
4-675	40 以内	Φ100	550 以内	105	106	110
4-676			600 以内	114	115	119
4-677			650 以内	123	124	128
4-678			700 以内	132	133	137
4-679			750 以内	141	142	146
4-680			800 以内	150	151	155
4-681			850 以内	159	160	164
4-682			900 以内	168	169	173
4-683			950 以内	177	178	182
4-684			1000 以内	186	187	191
4-685			50 以内	30	31	34
4-686			100 以内	46	47	50
4-687			150 以内	68	69	72
4-688			200 以内	72	73	76
4-689	15 以内	Φ150	250 以内	90	91	94
4-690			300 以内	98	99	102
4-691			350 以内	106	107	110
4-692			400 以内	113	114	117
4-693			450 以内	125	126	129
4-694			50 以内	31	32	35
4-695			100 以内	51	52	55
4-696			150 以内	75	76	79
4-697			200 以内	81	82	85
4-698	25 以内	Φ150	250 以内	98	99	102
4-699			300 以内	106	107	110
4-700			350 以内	113	114	117
4-701			400 以内	121	122	125
4-702			450 以内	135	136	139

编　号	桩深 （m）	直　径 （cm）	工程量（根）	工　期（天）		
				Ⅰ、Ⅱ类土	Ⅲ类土	Ⅳ类土
4-703	35 以内	Φ150	50 以内	35	36	39
4-704			100 以内	57	58	61
4-705			150 以内	83	84	87
4-706			200 以内	88	89	92
4-707			250 以内	106	107	110
4-708			300 以内	114	115	118
4-709			350 以内	122	123	126
4-710			400 以内	129	130	133
4-711			450 以内	143	144	147
4-712	45 以内	Φ150	50 以内	37	38	41
4-713			100 以内	62	63	66
4-714			150 以内	91	92	95
4-715			200 以内	96	97	100
4-716			250 以内	114	115	118
4-717			300 以内	122	123	126
4-718			350 以内	130	131	134
4-719			400 以内	137	138	141
4-720			450 以内	151	152	155
4-721	50 以内	Φ150	50 以内	39	40	43
4-722			100 以内	67	68	71
4-723			150 以内	97	98	101
4-724			200 以内	103	104	107
4-725			250 以内	120	121	124
4-726			300 以内	129	130	133
4-727			350 以内	138	139	142
4-728			400 以内	146	147	150
4-729			450 以内	160	161	164
4-730	15 以内	Φ150 以上	50 以内	39	40	43
4-731			100 以内	56	57	60
4-732			150 以内	80	81	84
4-733			200 以内	94	95	98
4-734			250 以内	104	105	108
4-735			300 以内	111	112	115
4-736			350 以内	117	118	121
4-737			400 以内	123	124	127
4-738			450 以内	137	138	141

编 号	桩 深 (m)	直 径 (cm)	工程量（根）	工 期（天）		
				Ⅰ、Ⅱ类土	Ⅲ类土	Ⅳ类土
4-739	25以内	Φ150以上	50以内	42	43	46
4-740			100以内	60	61	64
4-741			150以内	84	85	88
4-742			200以内	100	101	104
4-743			250以内	111	112	115
4-744			300以内	118	119	122
4-745			350以内	125	126	129
4-746			400以内	131	132	135
4-747			450以内	145	146	149
4-748	35以内	Φ150以上	50以内	44	45	48
4-749			100以内	72	73	76
4-750			150以内	96	97	100
4-751			200以内	110	111	114
4-752			250以内	117	118	121
4-753			300以内	125	126	129
4-754			350以内	132	133	136
4-755			400以内	139	140	143
4-756			450以内	153	154	157
4-757	45以内	Φ150以上	50以内	46	47	50
4-758			100以内	80	81	84
4-759			150以内	104	105	108
4-760			200以内	118	119	122
4-761			250以内	125	126	129
4-762			300以内	133	134	137
4-763			350以内	140	141	144
4-764			400以内	147	148	151
4-765			450以内	161	162	165
4-766	50以内	Φ150以上	50以内	49	50	53
4-767			100以内	88	89	92
4-768			150以内	111	112	115
4-769			200以内	127	128	131
4-770			250以内	136	137	140
4-771			300以内	143	144	147
4-772			350以内	149	150	153
4-773			400以内	155	156	159
4-774			450以内	169	170	173

4．人工挖孔桩

编　号	桩　深（m）	工程量（根）	工　期（天）		
			Ⅰ、Ⅱ类土	Ⅲ类土	Ⅳ类土
4-775	10以内	100以内	20	23	27
4-776		200以内	24	27	31
4-777		300以内	29	32	36
4-778		500以内	36	39	43
4-779		600以内	42	45	49
4-780		700以内	44	47	51
4-781		800以内	56	59	63
4-782	15以内	100以内	21	24	28
4-783		200以内	25	28	32
4-784		300以内	30	33	37
4-785		500以内	37	40	44
4-786		600以内	43	46	50
4-787		700以内	45	48	52
4-788		800以内	57	60	64
4-789	20以内	100以内	27	32	36
4-790		200以内	34	37	42
4-791		300以内	39	42	46
4-792		500以内	43	46	50
4-793		700以内	46	49	53
4-794		1000以内	62	65	69
4-795		1500以内	70	73	77
4-796	25以内	100以内	34	37	42
4-797		200以内	39	42	46
4-798		300以内	43	46	51
4-799		500以内	50	53	57
4-800		700以内	54	57	61
4-801		1000以内	65	68	72
4-802		1500以内	76	79	83
4-803		2000以内	88	91	95
4-804		2500以内	99	102	106
4-805		3000以内	110	113	117
4-806		3500以内	124	127	131

5. 钢 板 桩

编 号	桩 深（m）	工程量（根）	工 期（天）		
			Ⅰ、Ⅱ类土	Ⅲ类土	Ⅳ类土
4-807	12以内	50以内	3	4	6
4-808		100以内	6	7	9
4-809		150以内	10	11	13
4-810		200以内	13	14	17
4-811		250以内	17	18	20
4-812		300以内	20	21	24
4-813		350以内	23	25	27
4-814		400以内	26	28	31
4-815		450以内	30	32	35
4-816		500以内	34	36	39
4-817		550以内	38	40	43
4-818		600以内	42	44	46
4-819		650以内	44	47	50
4-820		700以内	48	51	54
4-821		750以内	52	55	58
4-822		800以内	56	59	62
4-823		850以内	60	63	66
4-824		900以内	64	67	69
4-825		950以内	67	70	73
4-826		1000以内	71	74	77
4-827	16以内	50以内	4	5	8
4-828		100以内	8	9	12
4-829		150以内	12	13	16
4-830		200以内	16	17	20
4-831		250以内	18	21	24
4-832		300以内	23	25	29
4-833		350以内	28	30	32
4-834		400以内	31	33	37
4-835		450以内	36	38	41
4-836		500以内	40	42	46
4-837		550以内	45	47	50
4-838		600以内	48	51	55
4-839		650以内	53	56	59
4-840		700以内	57	60	64
4-841		750以内	62	65	69
4-842		800以内	67	70	73
4-843		850以内	71	74	78
4-844		900以内	76	79	82
4-845		950以内	80	83	87
4-846		1000以内	85	88	92

三、装饰装修工程

1. 住宅工程

编　号	建筑面积（m²）	装饰装修标准	工　期（天）		
			Ⅰ类	Ⅱ类	Ⅲ类
4-847	500以内	一般装饰装修	78	83	93
4-848		中级装饰装修	90	95	105
4-849		高级装饰装修	105	110	120
4-850	1000以内	一般装饰装修	80	85	95
4-851		中级装饰装修	93	98	108
4-852		高级装饰装修	110	115	125
4-853	2000以内	一般装饰装修	85	90	100
4-854		中级装饰装修	99	104	114
4-855		高级装饰装修	115	120	130
4-856	4000以内	一般装饰装修	95	100	110
4-857		中级装饰装修	110	115	125
4-858		高级装饰装修	130	135	145
4-859	6000以内	一般装饰装修	105	110	120
4-860		中级装饰装修	125	130	140
4-861		高级装饰装修	145	150	160
4-862	9000以内	一般装饰装修	120	130	145
4-863		中级装饰装修	140	150	165
4-864		高级装饰装修	165	175	190
4-865	12000以内	一般装饰装修	135	145	160
4-866		中级装饰装修	160	170	185
4-867		高级装饰装修	190	200	215
4-868	16000以内	一般装饰装修	160	170	185
4-869		中级装饰装修	185	195	210
4-870		高级装饰装修	220	230	245
4-871	20000以内	一般装饰装修	180	190	210
4-872		中级装饰装修	210	220	240
4-873		高级装饰装修	250	260	280
4-874	25000以内	一般装饰装修	205	220	240
4-875		中级装饰装修	235	250	270
4-876		高级装饰装修	280	295	315

编 号	建筑面积（m²）	装饰装修标准	工 期（天）		
			I 类	II 类	III 类
4-877		一般装饰装修	230	245	270
4-878	30000 以内	中级装饰装修	265	280	305
4-879		高级装饰装修	315	330	355
4-880		一般装饰装修	250	270	295
4-881	35000 以内	中级装饰装修	290	310	335
4-882		高级装饰装修	345	365	390
4-883		一般装饰装修	280	300	330
4-884	35000 以外	中级装饰装修	325	345	375
4-885		高级装饰装修	385	405	435

2. 宾馆、酒店、饭店工程

装修标准：3 星级以内

编 号	建筑面积（m²）	工 期（天）		
		I 类	II 类	III 类
4-886	1000 以内	74	79	89
4-887	3000 以内	87	92	102
4-888	7000 以内	115	120	130
4-889	10000 以内	130	140	155
4-890	15000 以内	150	160	175
4-891	20000 以内	175	185	200
4-892	30000 以内	215	230	250
4-893	40000 以内	255	270	290
4-894	40000 以外	295	310	330

装修标准：4 星级

编 号	建筑面积（m²）	工 期（天）		
		I 类	II 类	III 类
4-895	1000 以内	86	91	101
4-896	3000 以内	100	105	115
4-897	7000 以内	125	130	140
4-898	10000 以内	140	150	165
4-899	15000 以内	175	185	200
4-900	20000 以内	200	210	225
4-901	30000 以内	250	265	285
4-902	40000 以内	295	310	330
4-903	40000 以外	340	355	375

装修标准：5星级

编 号	建筑面积（m²）	工　期（天）		
		Ⅰ类	Ⅱ类	Ⅲ类
4-904	1000 以内	100	105	115
4-905	3000 以内	120	125	135
4-906	7000 以内	150	155	165
4-907	10000 以内	165	175	185
4-908	15000 以内	205	215	225
4-909	20000 以内	240	250	260
4-910	30000 以内	300	315	325
4-911	40000 以内	350	365	375
4-912	40000 以外	400	415	425

3. 公共建筑工程

编 号	建筑面积（m²）	装饰装修标准	工　期（天）		
			Ⅰ类	Ⅱ类	Ⅲ类
4-913	1000 以内	一般装饰装修	74	79	89
4-914		中等装饰装修	86	91	101
4-915		高级装饰装修	100	105	115
4-916	2000 以内	一般装饰装修	78	83	93
4-917		中等装饰装修	91	96	106
4-918		高级装饰装修	110	115	125
4-919	4000 以内	一般装饰装修	86	91	101
4-920		中等装饰装修	99	105	115
4-921		高级装饰装修	115	120	130
4-922	6000 以内	一般装饰装修	91	100	115
4-923		中等装饰装修	105	115	130
4-924		高级装饰装修	125	135	150

编　号	建筑面积（m²）	装饰装修标准	工　期（天）		
			Ⅰ类	Ⅱ类	Ⅲ类
4-925		一般装饰装修	105	115	130
4-926	9000 以内	中等装饰装修	120	130	145
4-927		高级装饰装修	145	155	170
4-928		一般装饰装修	115	125	140
4-929	12000 以内	中等装饰装修	135	145	160
4-930		高级装饰装修	160	170	185
4-931		一般装饰装修	130	145	165
4-932	16000 以内	中等装饰装修	150	165	185
4-933		高级装饰装修	175	190	210
4-934		一般装饰装修	145	160	180
4-935	20000 以内	中等装饰装修	170	185	205
4-936		高级装饰装修	205	220	240
4-937		一般装饰装修	165	185	210
4-938	25000 以内	中等装饰装修	195	215	240
4-939		高级装饰装修	230	250	275
4-940		一般装饰装修	190	210	235
4-941	30000 以内	中等装饰装修	220	240	265
4-942		高级装饰装修	260	280	305
4-943		一般装饰装修	205	230	260
4-944	35000 以内	中等装饰装修	235	260	290
4-945		高级装饰装修	275	300	330
4-946		一般装饰装修	225	250	280
4-947	35000 以外	中等装饰装修	260	285	315
4-948		高级装饰装修	320	345	375

四、设备安装工程

1. 变电室安装

编　号	主　要　内　容	工　期（天）	备　注
4-949	10kV，容量 315（320）kV·A 变压器 2 台以内，低压柜 10 台以内，负荷开关 2 组	37	每增低压柜 2 台加 2 天，每增变压器 2 台加 4 天
4-950	10kV，容量 630（560）kV·A 变压器 2 台以内，高压柜 5 台以内，低压柜 10 台以内	56	每增高压柜 2 台加 3 天，每增低压柜 2 台加 2 天，每增变压器 2 台加 4 天
4-951	10kV，容量 800（750）kV·A 变压器 2 台以内，高压柜 7 台以内，低压柜 12 台以内	70	
4-952	10kV，容量 1000kV·A 变压器 2 台以内，高压柜 10 台以内，低压柜 20 台以内	83	
4-953	10kV，容量 1000kV·A 变压器 3 台以内，高压柜 15 台以内，低压柜 25 台以内	92	
4-954	10kV，容量 2000kV·A 变压器 3 台以内，高压柜 20 台以内，低压柜 30 台以内	102	
4-955	10kV，容量 2000kV·A 变压器 6 台以内，高压柜 20 台以内，低压柜 30 台以内	106	
4-956	35kV，容量 6300～10000kV·A 变压器 2 台以内，高压柜 20 台以内，低压柜 35 台以内	139	

2. 开闭所安装

编　号	层　数	建筑面积（m²）	工　期（天）	备　注
4-957	1	300 以内	86	10kV 高压柜 20 台以内
4-958		500 以内	94	10kV 高压柜 30 台以内
4-959	2	500 以内	98	10kV 高压柜 35 台以内

3. 降压站安装

编　号	安装项目	主　要　内　容	工　期（天）	备　注
4-960	降压站	35kV，全户外，两路进线架构，主变电 1600～10000kV·A，2 台以内	130	包括柜构、避雷、控制柜、室内电缆
4-961	降压站	35kV，全户内，两路进线架构，主变电 1600～10000kV·A，2 台以内，35kV 控制柜 10 台以内，10kV 控制柜 20 台以内	120	包括柜构、避雷、控制柜、室内电缆

4．发电机房安装

编号	安装项目	主 要 内 容	工期（天）	备注
4-962		1台50kW以内柴油发电机组安装，包括油路、排烟、冷却、机房配线控制系统等	33	每增加1台加10天
4-963		1台100kW以内柴油发电机组安装，包括油路、排烟、冷却、机房配线控制系统等	42	每增加1台加10天
4-964		1台250kW以内柴油发电机组安装，包括油路、排烟、冷却、机房配线控制系统等	56	每增加1台加15天
4-965	发电机房	1台500kW以内柴油发电机组安装，包括油路、排烟、冷却、机房配线控制系统等	70	每增加1台加20天
4-966		1台750kW以内柴油发电机组安装，包括油路、排烟、冷却、机房配线控制系统等	88	每增加1台加20天
4-967		1台1000kW以内柴油发电机组安装，包括油路、排烟、冷却、机房配线控制系统等	111	每增加1台加25天
4-968		1台1350kW以内柴油发电机组安装，包括油路、排烟、冷却、机房配线控制系统等	129	每增加1台加25天

5．空压站安装

编号	安装项目	主 要 内 容	工期（天）	备 注
4-969		20m³/min空压机2台以内，包括配管、动力、仪表等	45	每增加1台加10天
4-970	空压站	40m³/min空压机2台以内，包括配管、动力、仪表等	60	每增加1台加15天
4-971		60m³/min空压机2台以内，包括配管、动力、仪表等	85	每增加1台加20天
4-972		100m³/min空压机2台以内，包括配管、动力、仪表等	100	每增加1台加25天
4-973	仪表空压站	20m³/min空压机2台以内，包括配管、动力、仪表等	55	包括进气、过滤、干燥空气系统，每增1台加10天

6．消防自动报警系统安装

编号	主 要 内 容	工 期（天）	备 注
4-974	消防自动报警系统，末端装置500个以内	75	500以内，每减少100个以内减6天
4-975	消防自动报警系统，末端装置1000个以内	100	1000以内，每减少100个以内减5天
4-976	消防自动报警系统，末端装置2000个以内	140	2000以内，每减少100个以内减4天
4-977	消防自动报警系统，末端装置超过2000个	140	每增100个以内加3天

7. 消防灭火系统安装

编　号	安装项目	主　要　内　容	工期（天）	备　注
4-978	室内消火栓灭火系统	消火栓20套以内，包括管道及消火栓安装，支、吊架制作安装，水泵、水箱、气压罐及控制设备等的安装及调试，试压、冲洗，系统联动调试等	30	—
4-979		消火栓50套内，包括管道及消火栓安装，支、吊架制作安装，水泵、水箱、气压罐及控制设备等的安装及调试，试压、冲洗，系统联动调试等	60	消火栓300套以内，每增50套以内加20天
4-980	水喷洒自动灭火系统	喷洒头200个以内，包括管道及喷洒头安装，支、吊架制作安装，水流指示器、阀门仪表及附件安装，水泵、水箱、气压罐等设备的安装及调试，试压、冲洗，系统联动调试等	20	喷洒头在2000个以内，每增100个以内加8天
4-981		喷洒头2000个以内，包括管道及喷洒头安装，支、吊架制作安装，水流指示器、阀门仪表及附件安装，水泵、水箱、气压罐等设备的安装及调试，试压、冲洗，系统联动调试等	164	喷洒头在4000个以内，每增100个以内加3天
4-982	气体自动灭火系统	喷洒头200个以内，包括管道及喷洒头安装，支、吊架制作安装，水流指示器、阀门仪表及附件安装，气体驱动装置管道及贮气装置安装及调试，试压、吹洗，系统联动调试等	40	喷洒头在1000个以内，每增100个以内加8天

8. 锅炉房安装

编　号	安装项目	主　要　内　容	工期（天）	备　注
4-983	快装燃油（气）锅炉	2t/h（或1.4MW）以内且2台以内，包括锅炉本体及水-汽系统、燃料供应系统、鼓引风系统、仪表控制系统等辅助系统的安装，保温、水压试验、烘炉、煮炉、定压校正，无负荷试运行等	30	锅炉增加台数所对应的工期见附表Ⅰ
4-984		4t/h（或2.8MW）以内且2台以内，包括锅炉本体及水-汽系统、燃料供应系统、鼓引风系统、仪表控制系统等辅助系统的安装，保温、水压试验、烘炉、煮炉、定压校正，无负荷试运行等	35	
4-985		6t/h（或4.2MW）以内且2台以内，包括锅炉本体及水-汽系统、燃料供应系统、鼓引风系统、仪表控制系统等辅助系统的安装，保温、水压试验、烘炉、煮炉、定压校正，无负荷试运行等	40	
4-986		10t/h（或7MW）以内且2台以内，包括锅炉本体及水-汽系统、燃料供应系统、鼓引风系统、仪表控制系统等辅助系统的安装，保温、水压试验、烘炉、煮炉、定压校正，无负荷试运行等	50	
4-987		20t/h（或14MW）以内且2台以内，包括锅炉本体及水-汽系统、燃料供应系统、鼓引风系统、仪表控制系统等辅助系统的安装，保温、水压试验、烘炉、煮炉、定压校正，无负荷试运行等	65	
4-988	散装燃油（气）锅炉	1台6t/h（或4.2MW）以内，包括锅炉本体及水-汽系统、燃料供应系统、鼓引风系统、仪表控制系统等辅助系统的安装，保温、水压试验、烘炉、煮炉、定压校正，无负荷试运行等	45	
4-989		1台10t/h（或7MW）以内，包括锅炉本体及水-汽系统、燃料供应系统、鼓引风系统、仪表控制系统等辅助系统的安装，保温、水压试验、烘炉、煮炉、定压校正，无负荷试运行等	55	
4-990		1台20t/h（或14MW）以内，包括锅炉本体及水-汽系统、燃料供应系统、鼓引风系统、仪表控制系统等辅助系统的安装，保温、水压试验、烘炉、煮炉、定压校正，无负荷试运行等	70	

9．热力站安装

编　号	主　要　内　容	工　　期（天）
4-991	快速交换器 1 组、容积式交换器 1 台、水泵 4 台以内，包括热力站内附属设备、管道系统的安装、试压、冲洗、保温、调试等	40
4-992	快速交换器 2 组、容积式交换器 2 台、水泵 6 台以内，包括热力站内附属设备、管道系统的安装、试压、冲洗、保温、调试等	50
4-993	快速交换器 4 组、容积式交换器 3 台、水泵 8 台以内，包括热力站内附属设备、管道系统的安装、试压、冲洗、保温、调试等	65

10．通风空调系统安装

编　号	主　要　内　容	工　　期（天）
4-994	500m² 以内风管的制作安装及通风空调系统中的管道、部附件、设备等的安装、绝热及调试等	49
4-995	1000m² 以内风管的制作安装及通风空调系统中的管道、部附件、设备等的安装、绝热及调试等	68
4-996	2000m² 以内风管的制作安装及通风空调系统中的管道、部附件、设备等的安装、绝热及调试等	98
4-997	3000m² 以内风管的制作安装及通风空调系统中的管道、部附件、设备等的安装、绝热及调试等	135
4-998	5000m² 以内风管的制作安装及通风空调系统中的管道、部附件、设备等的安装、绝热及调试等	158
4-999	7500m² 以内风管的制作安装及通风空调系统中的管道、部附件、设备等的安装、绝热及调试等	191
4-1000	10000m² 以内风管的制作安装及通风空调系统中的管道、部附件、设备等的安装、绝热及调试等	240
4-1001	15000m² 以内风管的制作安装及通风空调系统中的管道、部附件、设备等的安装、绝热及调试等	290
4-1002	20000m² 以内风管的制作安装及通风空调系统中的管道、部附件、设备等的安装、绝热及调试等	340
4-1003	30000m² 以内风管的制作安装及通风空调系统中的管道、部附件、设备等的安装、绝热及调试等	390
4-1004	30000m² 以上风管的制作安装及通风空调系统中的管道、部附件、设备等的安装、绝热及调试等	435

11．冷冻机房安装

编　号	主　要　内　容	工期（天）	备　注
4-1005	总制冷量 116kW 以内，包括设备及管道的安装、试压、冲洗、保温和动力及仪器仪表的安装、调试等	60	每增加 116kW 以内加 4 天

12．冷库、冷藏间安装

编　号	主　要　内　容	工期（天）	备　注
4-1006	冷藏能力 100t 以内全部管道、设备等的制作安装	42	包括冻结间设备安装
4-1007	冷藏能力 300t 以内全部管道、设备等的制作安装	51	
4-1008	冷藏能力 500t 以内全部管道、设备等的制作安装	65	
4-1009	冷藏能力 1000t 以内全部管道、设备等的制作安装	83	
4-1010	冷藏能力 2000t 以内全部管道、设备等的制作安装	102	
4-1011	冷藏能力 3000t 以内全部管道、设备等的制作安装	106	
4-1012	冷藏能力 5000t 以内全部管道、设备等的制作安装	129	
4-1013	冷藏能力 10000t 以内全部管道、设备等的制作安装	162	
4-1014	冷藏能力 15000t 以内全部管道、设备等的制作安装	189	
4-1015	冷藏能力 20000t 以内全部管道、设备等的制作安装	212	

注：冷藏间如采用风冷，其工期乘以系数 0.7。

13．起重机安装

编　号	安装项目	主　要　内　容	工期（天）	备　注
4-1016	电动单梁起重机	5t 以内，行程 30m 以内	30	同跨同层增加一部加 10 天，行程每增 6m 加 2 天

编　号	安装项目	主　要　内　容	工期（天）	备　　注
4-1017	电动双梁起重机	5t 以内，行程 30m 以内	35	同跨同层增加一部加 15 天，行程每增 6m 加 2 天
4-1018		10t 以内，行程 30m 以内	40	
4-1019		20t 以内，行程 30m 以内	45	同跨同层增加一部加 20 天，行程每增 6m 加 2 天
4-1020		30t 以内，行程 60m 以内	55	同跨同层增加一部加 25 天，行程每增 6m 加 2 天
4-1021		50t 以内，行程 60m 以内	70	同跨同层增加一部加 30 天，行程每增 6m 加 2 天
4-1022		100t 以内，行程 90m 以内	105	同跨同层增加一部加 55 天，行程每增 6m 加 2 天
4-1023		150t 以内，行程 90m 以内	135	同跨同层增加一部加 75 天，行程每增 6m 加 2 天
4-1024		200t 以内，行程 90m 以内	155	同跨同层增加一部加 85 天，行程每增 6m 加 2 天
4-1025		250t 以内，行程 90m 以内	175	同跨同层增加一部加 95 天，行程每增 6m 加 2 天
4-1026	单轨电动葫芦	1t 以内，行程 30m 以内	5	轨道每增 5m 加 1 天
4-1027		3t 以内，行程 30m 以内	10	
4-1028		5t 以内，行程 30m 以内	15	
4-1029	电动门式单梁起重机	5t 以内行程 100m 以内，跨度 30m 内	45	行程每增 10m 加 2 天，跨度每增 10m 加 3 天
4-1030	电动门式双梁起重机	10t 以内行程 100m 以内，跨度 30m 内	70	
4-1031		20t 以内行程 100m 以内，跨度 30m 内	95	
4-1032		30t 以内行程 100m 以内，跨度 30m 内	115	
4-1033		50t 以内行程 100m 以内，跨度 30m 内	135	
4-1034		100t 以内行程 100m 以内，跨度 30m 内	165	

14．金属容器安装

编　号	安装项目	主　要　内　容	工期（天）	备　注
4-1035	浮顶罐	3000m³ 以内，罐体及附件制作安装	74	增 1 台加 32 天，增 2 台以上每增 1 台加 14 天
4-1036		5000m³ 以内，罐体及附件制作安装	93	增 1 台加 50 天，增 2 台以上每增 1 台加 23 天
4-1037		10000m³ 以内，罐体及附件制作安装	125	增 1 台加 60 天，增 2 台以上每增 1 台加 28 天
4-1038		20000m³ 以内，罐体及附件制作安装	166	增 1 台加 69 天，增 2 台以上每增 1 台加 32 天
4-1039	拱顶罐	500m³ 以内，罐体及附件制作安装	24	增 1 台加 9 天，增 2 台以上每增 1 台加 4 天
4-1040		1000m³ 以内，罐体及附件制作安装	33	增 1 台加 14 天，增 2 台以上每增 1 台加 4 天
4-1041		2000m³ 以内，罐体及附件制作安装	42	增 1 台加 18 天，增 2 台以上每增 1 台加 9 天
4-1042		3000m³ 以内，罐体及附件制作安装	51	增 1 台加 23 天，增 2 台以上每增 1 台加 14 天
4-1043		5000m³ 以内，罐体及附件制作安装	60	增 1 台加 28 天，增 2 台以上每增 1 台加 18 天
4-1044		10000m³ 以内，罐体及附件制作安装	83	增 1 台加 37 天，增 2 台以上每增 1 台加 28 天
4-1045		20000m³ 以内，罐体及附件制作安装	125	增 1 台加 55 天，增 2 台以上每增 1 台加 37 天

编　号	安装项目	主要内容	工期（天）	备　注
4-1046	球形罐	50m³ 以内，组对、焊接、探伤检查等	65	增1台加32天，如有热处理加18天
4-1047		120m³ 以内，组对、焊接、探伤检查等	93	增1台加41天，如有热处理加18天
4-1048		200m³ 以内，组对、焊接、探伤检查等	116	增1台加50天，如有热处理加18天
4-1049		400m³ 以内，组对、焊接、探伤检查等	148	增1台加60天，如有热处理加18天
4-1050		650m³ 以内，组对、焊接、探伤检查等	162	增1台加78天，如有热处理加37天
4-1051		1000m³ 以内，组对、焊接、探伤检查等	212	增1台加101天，如有热处理加37天
4-1052		2000m³ 以内，组对、焊接、探伤检查等	277	增1台加129天，如有热处理加41天
4-1053		3000m³ 以内，组对、焊接、探伤检查等	295	增1台加156天，如有热处理加41天
4-1054	螺旋导轨储气罐	5000m³ 以内，本体制作安装试升	125	包括基础沉降试验
4-1055		10000m³ 以内，本体制作安装试升	148	
4-1056		20000m³ 以内，本体制作安装试升	185	
4-1057		30000m³ 以内，本体制作安装试升	231	
4-1058		50000m³ 以内，本体制作安装试升	277	
4-1059		100000m³ 以内，本体制作安装试升	323	
4-1060		150000m³ 以内，本体制作安装试升	369	
4-1061		200000m³ 以内，本体制作安装试升	415	

五、机械吊装工程

1．构件吊装工程

编　号	屋架类别跨度	节　间 （个）	主　要　构　件	有无 天窗 架	有无 吊车 梁	工　期 （天） I 类	II 类	III 类
4-1062		10	砖柱承重、屋面板	有	有	10	11	13
4-1063		10	砖柱承重、屋面板	有	无	9	10	12
4-1064		10	砖柱承重、屋面板	无	有	8	9	11
4-1065	单层工业厂房12m以内薄腹梁屋架	10	砖柱承重、屋面板	无	无	7	8	10
4-1066		10	混凝土柱、地梁、屋面板	有	有	12	13	15
4-1067		10	混凝土柱、地梁、屋面板	有	无	11	12	14
4-1068		10	混凝土柱、地梁、屋面板	无	有	10	11	13
4-1069		10	混凝土柱、地梁、屋面板	无	无	9	10	12
4-1070		10	砖柱承重、屋面板	有	有	11	12	14
4-1071		10	砖柱承重、屋面板	有	无	10	11	13
4-1072		10	砖柱承重、屋面板	无	有	9	10	12
4-1073	单层工业厂房15m以内薄腹梁屋架	10	砖柱承重、屋面板	无	无	8	9	11
4-1074		10	混凝土柱、地梁、屋面板	有	有	13	14	16
4-1075		10	混凝土柱、地梁、屋面板	有	无	12	13	15
4-1076		10	混凝土柱、地梁、屋面板	无	有	11	12	14
4-1077		10	混凝土柱、地梁、屋面板	无	无	10	11	13

编号	屋架类别跨度	节间（个）	主要构件	有无天窗架	工 期（天）		
					Ⅰ类	Ⅱ类	Ⅲ类
4-1078	单层工业厂房18m以内薄腹梁屋架	10	混凝土柱、地梁、吊车梁、屋面板	有	14	15	17
4-1079				无	12	13	15
4-1080	单层工业厂房18～21m钢筋混凝土拱（梯）型	10	混凝土柱、地梁、吊车梁、屋面板	有	15	16	18
4-1081				无	13	14	16
4-1082	单层工业厂房24～27m钢筋混凝土拱（梯）型	10	混凝土柱、地梁、吊车梁、屋面板	有	19	20	22
4-1083				无	15	16	18
4-1084	单层工业厂房30～36m钢筋混凝土拱（梯）型	10	混凝土柱、地梁、吊车梁、屋面板	有	26	27	29
4-1085				无	22	23	25
4-1086	单层工业厂房18～21m钢屋架	10	混凝土柱、地梁、吊车梁、屋面板	有	20	21	23
4-1087				无	18	19	21
4-1088	单层工业厂房24～27m钢屋架	10	混凝土柱、地梁、吊车梁、屋面板	有	24	25	27
4-1089				无	20	21	23
4-1090	单层工业厂房30～36m钢屋架	10	混凝土柱、地梁、吊车梁、屋面板	有	31	32	34
4-1091				无	27	28	30
4-1092	单层工业厂房18m以内钢筋混凝土组合屋架	10	砖柱承重、预制大板	有	12	13	15
4-1093				无	10	11	13
4-1094			预制混凝土檩条等轻构件	有	12	13	15
4-1095				无	10	11	13
4-1096	单层工业厂房18m以内门式刚架	10	预制大板	有	9	10	12
4-1097				无	8	9	11
4-1098	单层工业厂房18m以内门式刚架	10	预制混凝土檩条等轻构件	有	10	11	13
4-1099				无	9	10	12
4-1100	单层工业厂房21m以内门式刚架	10	预制大板	有	13	14	16
4-1101				无	12	13	15
4-1102			预制混凝土檩条等轻构件	有	14	15	17
4-1103				无	13	14	16

编 号	结构类型	每层柱子数（根）	主要构件	有无墙板	每层面积（m²）	工 期（天）Ⅰ类	Ⅱ类	Ⅲ类
4-1104		30以内	柱、梁、板、预制楼梯	有	500～1000	10	11	14
4-1105		30以内	柱、梁、板、预制楼梯	无	500～1000	7	8	10
4-1106		60以内	柱、梁、板、预制楼梯	有	1000～2000	17	18	20
4-1107	预制钢筋混凝土框架	60以内	柱、梁、板、预制楼梯	无	1000～2000	13	14	16
4-1108		90以内	柱、梁、板、预制楼梯	有	1500～3000	23	24	26
4-1109		90以内	柱、梁、板、预制楼梯	无	1500～3000	17	18	20
4-1110		120以内	柱、梁、板、预制楼梯	有	2000～4000	27	28	30
4-1111		120以内	柱、梁、板、预制楼梯	无	2000～4000	20	21	23

2．网架吊装工程

节点形式：空心钢球

编 号	网架外形	施工方法	单位（t）	网架跨度（m）	工 期（天）Ⅰ类	Ⅱ类	Ⅲ类
4-1112			100	30以内	40	41	43
4-1113		机械	100	60以内	30	31	33
4-1114	正方形、矩形		100	60以外	24	25	27
4-1115			100	30以内	49	50	52
4-1116		土法	100	60以内	43	44	46
4-1117			100	60以外	34	35	37
4-1118		机械	100	30以内	48	49	51
4-1119	异形		100	60以内	35	36	38
4-1120		土法	100	30以内	69	70	72
4-1121			100	60以内	50	51	53
4-1122			100	30以内	68	70	74
4-1123	壳体	不分	100	60以内	48	50	54
4-1124			100	60以外	44	46	50

节点形式：螺栓球

编 号	网架外形	施工方法	单位（t）	网架跨度（m）	工 期（天）Ⅰ类	Ⅱ类	Ⅲ类	备 注
4-1125		机械	100	30以内	13	14	16	30m内跨度，每增10t增1天；60m内跨度，每增10t增0.5天
4-1126	不分外形	土法	100	30以内	19	20	22	
4-1127		机械	100	60以内	10	11	13	
4-1128		土法	100	60以内	14	15	17	

六、钢结构工程

编　号	建筑功能	建筑面积（m²）	用钢量（t）	工　期（天）		
				Ⅰ类	Ⅱ类	Ⅲ类
4-1129	体育场	20000 以内	2000 以内	90	105	120
4-1130		40000 以内	4000 以内	100	115	130
4-1131		60000 以内	6000 以内	110	125	140
4-1132		80000 以内	8000 以内	120	135	150
4-1133		80000 以外	8000 以外	130	145	160
4-1134	交通枢纽楼（火车站、汽车站、航站楼等）	30000 以内	2000 以内	90	105	120
4-1135		60000 以内	4000 以内	110	125	140
4-1136		90000 以内	6000 以内	145	160	175
4-1137		120000 以内	8000 以内	175	190	205
4-1138		150000 以内	10000 以内	190	205	220
4-1139		180000 以内	12000 以内	210	230	250
4-1140		210000 以内	14000 以内	230	250	270
4-1141		240000 以内	16000 以内	255	275	295
4-1142		270000 以内	18000 以内	280	305	330
4-1143		300000 以内	20000 以内	305	330	355
4-1144		300000 以外	20000 以外	335	360	385
4-1145	博物馆、影剧院、购物中心、会展场馆	8000 以内	2000 以内	90	105	120
4-1146		16000 以内	4000 以内	125	140	155
4-1147		24000 以内	6000 以内	175	190	205
4-1148		32000 以内	8000 以内	225	245	260
4-1149		40000 以内	10000 以内	275	295	315
4-1150		48000 以内	12000 以内	325	345	365
4-1151		56000 以内	14000 以内	375	395	415
4-1152		64000 以内	16000 以内	425	445	465
4-1153		72000 以内	18000 以内	475	495	515

编　号	建筑功能	建筑面积（m²）	用钢量（t）	工　期（天）		
				Ⅰ类	Ⅱ类	Ⅲ类
4-1154	博物馆、影剧院、购物中心、会展场馆	80000 以内	20000 以内	525	545	565
4-1155		96000 以内	22000 以内	575	595	615
4-1156		100000 以内	24000 以内	625	645	665
4-1157		105000 以内	26000 以内	675	700	725
4-1158		110000 以内	28000 以内	725	750	775
4-1159		120000 以内	30000 以内	775	800	825
4-1160		130000 以内	32000 以内	825	850	875
4-1161		135000 以内	34000 以内	875	900	925
4-1162		145000 以内	36000 以内	925	955	985
4-1163		150000 以内	38000 以内	975	1005	1035
4-1164		160000 以内	40000 以内	1025	1055	1085
4-1165		160000 以外	40000 以外	1125	1155	1185
4-1166	工业厂房（生产车间、辅助车间、动力用房、仓储建筑等）	—	2000 以内	120	135	150
4-1167		—	4000 以内	200	215	230
4-1168		—	6000 以内	280	295	310
4-1169		—	8000 以内	330	350	370
4-1170		—	10000 以内	380	400	420
4-1171		—	10000 以外	450	470	490

附表一 锅炉安装附表

安装项目			增1台加工期（天）	增2台加工期（天）	增3台加工期（天）	增3台以上每增1台加工期（天）
燃油（气）锅炉	快装	2t/h（或1.4MW）以内	3	6	9	2
		4t/h（或2.8MW）以内	6	8	10	4
		6t/h（或4.2MW）以内	9	13	16	6
		10t/h（或7MW）以内	12	18	23	8
		20t/h（或14MW）以内	18	25	30	10
	散装	6t/h（或4.2MW）以内	15	20	25	8
		10t/h（或7MW）以内	19	28	37	10
		20t/h（或14MW）以内	25	35	45	15

主编单位：住房和城乡建设部标准定额研究所

中国建筑股份有限公司

参编单位：中国建筑第八工程局有限公司

河北省工程建设造价管理总站

辽宁省建设工程造价管理总站

广东省建设工程造价管理总站

四川省建设工程造价管理总站

中国建筑一局（集团）有限公司

中国建筑第二工程局有限公司

中建三局集团有限公司

中国建筑第四工程局有限公司

中国建筑第五工程局有限公司

中国建筑第六工程局有限公司

中国建筑第七工程局有限公司

中建新疆建工（集团）有限公司

中建钢构有限公司

中建安装工程有限公司

北京交通大学

重庆大学

编制人员：刘大同　胡传海　王海宏　胡晓丽　白洁如　赵　彬　董　宇　张惠锋　毛志兵

蒋立红　张晶波　何　瑞　马荣全　金　钢　苗冬梅　肖玉麒　闫　萍　马益福

吴宏伟　吴家鑫　王伟明　黄中广　张毅坚　张　宇　戴　伟　薛　刚　张　军

张志明　段必海　孙克平　李　毅　冉志伟　刘光荣　何昌杰　廖　飞　张云富

张振禹　王　峰　陈　平　侯盛杰　江绍忠　戴立先　陈　明　陈　静　吴聚龙

刘玉明　华建民

审查专家：张　莉　陈国立　陈立军　郭理修　唐榕辉　高　迎　毛　杰　廖　永